역사가 묻고
미생물이
답하다

역사가 묻고

공생하고 공격하며
공진화해 온 인류와
미생물의 미래

고관수 지음

미생물이

답하다

묻고 답하다 06

지상의책

포스트 팬데믹 시대,
미생물을 통해 보는 인간의 미래

2014년 러시아의 크림반도 강제 합병에서 시작된 러시아와 우크라이나의 국지적 분쟁(이때까지는 '돈바스 전쟁'이라고 불렸다)은 2022년 2월 전면전으로 확대되었다. 바로 '러시아-우크라이나 전쟁'이다. 국제사회의 비난에도 불구하고 러시아는 공격을 멈추지 않았고, 서방세계의 지원을 받은 우크라이나도 힘겹게나마 버티면서 2024년 8월 현재까지 장기전의 양상을 벌이고 있다.

전쟁은 총격과 포격으로 건물을 파괴하고, 군인은 물론 민간인까지 죽이며 부상을 입히는 참혹한 세상을 만든다. 또한 전쟁은 세균을 비롯한 각종 병원체가 활개 치는 무대가 된다. 러시아-우크라이나 전쟁도 다르지 않다. 전쟁이 장기화되고, 때마침 이스라엘과 하마스 간 전쟁이 벌어지면서 러시아-우크라이나 전쟁의 향방과 피해에 대한 외신의 소식이 대중의 관심에서 조금씩 멀어져갈 즈음 뉴스 하나가 유달리 눈에 띈 것도 전쟁의 그런 속성 때문이다.

2023년 12월 21~22일 우리나라 신문들은 우크라이나 전선에 쥐 떼가 들끓고, '쥐 열병'이 유행하고 있다고 외신을 통해 보도했다. 그러면서 전선의 병사들을 감염시키는 질환이 **한타바이러스** Hanta virus 에 의한 유행성출혈열일 가능성이 매우 크다고 전했다. 한타바이러스에 의한 유행성출혈열은 쥐가 직접 옮기거나 쥐의 배설물로 전파되는 감염질환이다. 그 후로 병사들이 입은 피해에 대한 구체적인 언급은 찾기가 힘들다. 아마도 사람들의 관심이 별로 닿지 않기 때문일 것이다.

전쟁 중에 느닷없이 등장한 것처럼 보이는 한타바이러스는 우리나라와 매우 연관이 깊은 병원체다. 한타바이러스는 한탄바이러스 Hantaan virus 를 포함하는 속명이며, '한타' 또는 '한탄'이 바로 우리나라의 '한탄강'을 의미한다. 1976년 우리나라의 이호왕 박사가 등줄쥐 black-striped field mouse, *Apodemus agrarius ningpoensis* 의 폐조직에서 최초로 분리한 바이러스다.

단지 우리나라 연구자가 처음 분리했기 때문에 연관이 깊다는 것은 아니다. 1930~40년대부터 만주와 러시아 일대에서 유행하던 유행성출혈열은 일본의 731부대가 인체 실험을 하기도 했다. 하지만 그들도 질병의 병원체가 무엇인지 몰랐다.

정체 모를 병원체에 의한 이 질병은 한국전쟁에서도 맹활약했다. 미군 수천 명이 감염되어 피해를 입자 미국 측은 북한이나 중국의 세균전이라 의심했고, 또 북한 측은 그들대로 피해를 입어 미군의 세균전이라 맞비방했다. 외국에서는 이 질병을 '한국형출혈열 Korean hemorrhagic fever'이라고 명명하기도 했다. 미군 감염이 늘면서 이 질병의 정체를 밝히려는 연구도 활발히 이뤄졌지만 1960년대까지도 병원체를 분리하지 못했다.

결국 이 질병의 정체를 밝히고 병원체를 분리한 이는 1969년부터 연구를 시작한 당시 서울대 의대 교수였던 이호왕 박사였다(이후 고려대 의대로 옮긴다). 이 질병은 사람에게만 발병했으므로 실험동물을 이용할 수도 없었다. 이호왕 박사는 5년 동안 실패를 거듭하다 마침내 '형광항체법'을 이용해 병원체의 정체를 밝혀냈다. 이호왕 박사의 증언을 들어보자.

유행성출혈열은 야외에서 활동하는 군인과 농민이 많이 걸리는 병이었고, 쥐와 접촉한 사람이 이 병에 걸리는 것으로 보아 쥐가 병원균을 옮기는 역할을 할 거라는 사실은 이미 1930년대부터 알고 있었다. 우리 채집원 중 한 사람이 동두천 송내리에서 쥐를 잡으러 갔다가 이 병에 걸려 거의 죽을 뻔했는데, 이때 잡은 쥐가 등줄쥐였다. 우리나라 쥐의 90퍼센트 정도가 이 종류인데, 이 등줄쥐를 2,000~3,000마리를 잡았을 거다. 이것을 하나하나 조사해서 폐에서 특이한 항원을 찾아낸 것이다. 이 항원이 0.2마이크로리터㎕ 필터 filter 를 통과하는 것으로부터 세균이 아니라 바이러스일 가능성을 주었다.

그때까지 알려진 500여 종의 바이러스와 비교를 해보고 외국에 보내서도 검사를 했다. 우리가 찾은 이 바이러스가 전혀 새로운 것임을 증명하는 데 한 4년이 걸렸다. 그래서 이름을 붙이게 되었는데 한탄강의 이름을 따서 '한타바이러스'라고 명명했다.[1]

이호왕 박사는 한타바이러스를 분리해내는 데서 그치지 않고, 1988년 최초로 한타바이러스 예방 백신('한타박스')을 개발하는 데까지 이르렀다. 종종 노벨상 후보라는 얘기를 들었고, 2021년에도 노벨 생리의학상 후보로 물망에 올랐지만 결국 수상에 이르지는 못하고 2022년 7월 타계했다.

역사와 미생물을 엮어 글을 써보겠다고 마음먹고 여러 사례와 미생물을 꼽는 과정에서 책에서 잘 다루지 않는 주제를 찾아보다가 러시아-우크라이나 전쟁 보도를 접했다. 사실 한타바이러스는 페스트^{pest} 나 콜레라^{cholera} 처럼 전 세계적인 팬데믹 ^{Pandemic} 을 일으켜서 수많은 사람을 죽이고, 엄청난 사회적 영향을 미치는 등 사람들의 기억에 짙은 자국을 남긴 병원체는 아니다. 또한 한타바이러스가 한국전쟁의 향방을 바꾸었다고 평가하는 사람도 없고, 러시아-우크라이나 전쟁에서 결정적인 역할을 할 거라고 생각하는 사람도 없다. 백년전쟁 때 유행했다는 발한병^{sweating sickness} 의 병원체가 한타바이러스라고 주장하는 사람도 있지만 확실하지 않다. 그러니 어쩌면 사람들의 관심에서 빗겨나 외면받는 질병과 미생물일 수 있다. 그러니까 한타바이러스 이야기는 책의 첫머리에 놓기에는 조금은 임팩트가 없어 보이기도 한다.

미생물을 통해 역사에 답한다는 것

그런데 이렇게 생각해보자.

어떻게 페스트균은 그 짧은 시기에 유럽 인구 3분의 1을 죽음으로 내몰 수 있었을까? 어떻게 인체면역결핍바이러스Human Immunodeficiency Virus; HIV 는 아프리카를 벗어나 전 세계를 벌벌 떨게 만들 수 있었을까? 중국 우한의 박쥐와 같은 동물에서 인간으로 전파된 제2형 중증급성호흡기증후군 코로나바이러스SARS-CoV-2 는 어떻게 빠른 속도로 전 세계를 점령할 수 있었을까? 혹은 어떻게 우리는 곰팡이에서, 세균에서 항생제를 찾아내 감염질환을 치료할 수 있었을까? 어떻게 우리는 천연두smallpox, 天然痘 를 지구상에서 절멸시킬 수 있었을까? 어떻게 우리는 세균을 이용해서 치명적인 열대 감염질환을 제어하는 계획을 세울 수 있었을까? 그것들이 반드시 그럴 만한 능력과 운명을 가진 미생물이라서 그랬을까?

　전쟁 통에 총탄이 아닌 정체를 알 수 없는 병원체에 쓰러져 간 병사들과 민간인들이 있었다. 또한 그것의 정체가 바이러스라는 것을 밝히고, 백신까지 개발한 위대한 과학자가 있었다(한타바이러스 얘기를 꺼낸 이유 중 하나는 꼭 우리의 이호왕 박사 얘기를 하고 싶었던 것도 있다). 어쩌면 그 바이러스가 다른 시대에 적절한 상황을 맞닥뜨렸다면 한국전쟁에서의 피해가 무색하리만큼의 엄청난 사람이 죽어나가진 않았을까? 2024년 어느 가을날 아침 러시아-우크라이나 전쟁에서 한타바이러스로 수천, 수만 명의 사망자가 나타났다는 보도를 접하게 되지는 않았을까?

　만약 한국전쟁이 일어나지 않았더라면 그 존재에 대한 심각한 각인도 없지 않았을까? 수천 마리의 쥐를 잡아가며 정체를 밝히고 백신을 개발한 열정의 연구팀이 없었다면 더 오랫동안 수많은 사람이 이 질병으로 고생하고 죽지 않았을까? 러시아-우크라이나 전쟁에서 한타바이러스를 그만큼의 상황으로 맞이할 수 있던 것도, 그래도 지금까지 그 바이러스를 두고 벌여온 각고의 역사가 있기 때문이 아닐까?

한타바이러스는 어느 것 하나 바꾸지 못한 존재 같지만, 실은 모든 것을 바꾼 미생물일 수도 있다. 우리는 결과만을 볼 뿐이므로.

결국 사람에게 달렸다. 세균과 바이러스, 곰팡이와 같은 미생물은 저들의 할 일을 했을 뿐이다. 지금도 그렇다. 그것들을 불러내어 수많은 사람이 죽은 것도, 그것을 이용해서 우리에게 유용한 것을 만들어낸 것도 우리가 한 일이다. 사람의 일, 결국 역사다.

역사는 우리에게 끊임없이 질문한다. 질문에 따른 대답은 온갖 분야, 온갖 방향에서 나온다. 그 가운데 미생물도 있을 것이다. 그렇다고 나는 이 책에서 이야기하고자 한다. 아니, 실은 미생물은 답하지 못한다. 결국은 사람이 답한다. 미생물을 통할 뿐.

역사 읽기를 좋아한다. 역사를 읽으며 미생물을 종종 만났다. 반갑기도 했고, 때론 지겹기도 했다(늘 악역만을 맡는 듯했으니). 이 만남은 의도한 적도 많았고, 의도하지 않은 적도 있었다. 어쩌면 의도하지 않은 만남이 더 많이 공부가 되었을 것이다. 물론 역사에 기록된 미생물은 대체로 무서운 얼굴을 하고 있다. 그래서 어쩔 수 없이 이 책에도 무서운 얼굴의 미생물을 많이 다룰 수밖에 없었다. 하지만 미생물은 꼭 악역의 얼굴만 하고 있지는 않다. 인간 역사에 두려움을 드리운 경우에라야 존재감이 두드러져서 그렇지 오히려 무서운 미생물은 전체에서 소수에 불과하다.

이 책에서 역사를 매개로 미생물의 여러 모습과 역할을 보여주고 싶었다. 동시에 미생물에서 사람의 역할을 함께 보여주고 싶었다. 그리고 그 미생물을 이용한 미래의 모습도 그려보고 싶었다. 따분한 교훈을 얘기하는 것은 피하려 했는데, 잘되었는지는 모르겠다.

차 례

① 인류의 진화에는 미생물이 있었다?

술과 효모

② 최초의 민주주의를 세균이 무너뜨렸다고?

아테네 역병과 살모넬라

③ '콜럼버스의 교환'은 왜 '면역 전쟁'이라 불릴까?

천연두바이러스와 매독균

1

인류의 진화에는 미생물이 있었다?

술과 효모

포도주는 몹시 지혜로운 사람에게도 마구 노래하라고, 실없이 웃으라고 부추기고, 춤을 추라며 일으켜 세우기도 하잖아요. 심지어 하지 않아야 더 좋았을 말을 내뱉게도 합니다.[2]

호메로스 Homeros, 《오뒷세이아 Odysseia》 중에서

'술 취한 원숭이 가설', 인간의 탐닉을 추적하다

《성경》에서는 태초에 "빛이 있으라"라고 했지만, 지구의 태초에는 미생물이 있었다. 그러니 지구 생물 중에서도 아주 최근에야 등장한 인류는 애초에 미생물과 함께할 수밖에 없었다. 인류가 등장하기 전부터 지구는 수십억 년 동안 미생물로 덮여 있었다. 인간 이전의 모든 생물은 미생물을 이용하면서, 협력하거나 극복하면서 살아야만 했고, 지금도 그 사정은 마찬가지다.

　　인간이라고 다를 바 없다. 특히 생명을 이어가는 데 절대적인 '먹을 것'에 관해서는 미생물에 의존해왔다. 술도, 빵도 모두 미생물이 있었기에 가능했다. 인간의 역사는 시작부터 미생물에 의존해왔고, 미생물은 오래도록 인간을 변화시켜 왔다. 인간 역사에 숨은 미생물을 찾는 작업에서, 인간이 생존할 수 있도록 돕고 즐거움을 준 미생물을 맨 먼저 이야기하는 것은 너무나도 당연한 일이 아닐까 싶다.

인류의 진화에는 미생물이 있었다?　　　　　　　　　　　　　**17**

고대 그리스의 비극작가인 아이스킬로스 Aeschylos 는 "청동이 겉모습을 비추는 거울이라면, 포도주는 영혼을 비추는 거울이다"라고 했다. 고대 로마의 정치인이자 군인이면서 박물학자로서 《박물지 Naturalis historia》를 쓴 대大 플리니우스 Plinius Secundus 는 "in vino veritas"라는 말을 했다고 전해진다. '술 속에 진리가 있다'는 뜻이다. 개인적으로 꽤 이 말을 좋아하지만, 반드시 옳다고 자신할 수는 없다. 여기서 '술'은 단언컨대 포도주를 의미할 터이다. 그리스인부터 로마인까지 고대 서구세계의 주역들은 포도주를 즐겨 마셨다. 얼마나 좋아했으면 그리스 올림포스 12신에 포도주의 신 디오니소스를 두었을까? 그리스인들은 포도주를 반드시 물로 희석해서 마셨다. 포도주 대신 맥주를 마시는 북쪽 민족은 바르바로이 barbaroi, 그러니까 야만인이라 불렀다.

스스로 문명인이라 칭했던 이들이 마셨던 포도주나, 그들이 야만인들이나 퍼마시는 음료라고 비아냥댔던 맥주나 모두 미생물의 작품이다. 바로 **효모** yeast 라고 하는 미생물이다. 효모는 분명 단세포이지만, 세포내에 핵이 있고, 막 구조로 된 세포내 소기관을 갖는 진핵생물이다(반대로 핵이 없는 생물을 원핵생물이라고 한다). 곰팡이나 버섯과 같은 생물과 함께 균류 Fungi 라고 하는 분류군으로 묶인다. 균류는 동물이나 식물과 같은 급의 계 Kingdom 수준의 커다란 분류군으로, 이른바 진핵미생물 eukaryotic microorganisms 이라고 불리는 존재다. 바로 여기에 속하는 효모라는 미생물이 역사 초기부터 인간 삶에 결정적 역할을 했다.

인류를 매혹한
묘한 액체의 기원

알코올은 당이 발효^{fermentation} 되어 만들어진다. 자연계에서 효모 등의 작용으로 과일이 잘 익으면 과일 껍질에 존재하는 효모에 의해 알코올 발효가 일어난다. 과일에 함유된 알코올 농도는 대부분 별로 높지 않지만, 그래도 무시할 수는 없다. 그런 알코올을 많은 생물이 탐닉한다. 초파리, 원숭이, 그리고 인간까지.

인류가 어떻게 술을 마시게 되었는지에 관한 이론 중에 '술 취한 원숭이^{Drunken Monkey}' 가설이 있다. 이 가설은 캘리포니아 주립대학 버클리캠퍼스의 로버트 더들리^{Robert Dudley} 교수가 제안한 것으로 인간이 왜 술에 탐닉하는지를 진화의 관점에서 설명한다. 앞서 얘기한 대로 자연적으로 잘 익은 과일에서는 알코올 발효가 일어나는데, 이런 자연이 만들어낸 음료에 잘 적응해야 과일을 확보하는 데 유리했으리라는 것이다. 또한 적당히 취해 기분이 좋아지면 더욱 열심히 먹이를 수집했을 터이므로, 다른 개체와의 경쟁에서도 유리했을 것이다. 시골 마을에서 새참에 함께 온 막걸리를 마시고 더욱 힘내서 어려운 농사일을 하는 것과 마찬가지 이치인 셈이다. 자연 발효로 만들어진 술은 도수가 낮았지만, 그것으로도 우리의 먼 조상은 즐거움을 느꼈고, 그 즐거움의 정도를 높이고자 술의 도수를 높이는 방법을 꾸준히 고안하며 다양한 종류의 술을 만들어왔으리란 게 로버트 더들리의 이론이다. 꼭 그런지 아닌지는 알 수 없지만, 난 그럴듯해 보인다.

자연 발효로 생긴 알코올을 처음 접한 인간은 어떤 느낌이 들었을까? 아마 썩어가는 과일에서 특이한 향내를 내는 액체를 맛보기가 꺼려졌을 것이다. 하지만 어떤 용감한 이가 그 맛을 본 순간 인류에게 알코올 세계의 문이 열렸다! 알딸딸하게 기분 좋은 상태를 경험한 인간은 이 묘한 액체에 매혹되었을 테고, 시간이 지나면서 직접 만들어보려고 시도했을 것이다. 즐거움, 환상, 현기증과 같은 술을 마셨을 때의 상태는 일상에서 쉽게 경험할 수 있는 느낌이 아니었다.

이런 일상적이지 않은 세계를 '신'과 연결 짓기는 그리 어렵지 않았을 것이다. 곧 술은 축제의 자리에서, 혹은 종교의례에서 사용되었을 것이다. 일부 고고학자와 인류학자는 인류가 맥주를 만들게 된 사건이야말로 정착해서 농사를 짓게 된 원동력이라고 주장하기까지 한다. 사냥하고 채집하는 대신 한 곳에 뿌리를 내리고 곡식을 재배하게 된 이유가 바로 술이라니, 술꾼의 입맛에 딱 맞는 발상이긴 하다. 어떤 이유로든 술은 인간사회에 초기부터 확고하게 자리잡았다.

인류가 의도적으로 발효를 통제하기 시작한 시기가 언제쯤인지는 정확히 알 수 없다. 그래도 역사 초기부터 미생물의 작품인 술을 마셔왔던 것은 분명해 보인다. 물론 그땐 미생물의 존재를 몰랐으니 미생물, 아니 어떤 생명체를 이용한다는 인식조차 못 했겠지만, 분명히 미생물의 기능을 이용했다. 케냐에서는 10만 년 전에 쓰인 것으로 추정되는 석기가 전분을 함유한 곡물이 묻은 채로 발굴되었는데, 이 석기에 흔적으로 남은 야자나무는 당분이 많아 하루만 지나도 스스로 발효해서 알코올이 생긴다. 1만 3,000년 전에 중동 지방에서 맥주를 만들었다는 증거가 있

맥주를 먹는 모습이 그려진 수메르인의 인장

고, 5,000여 년 전의 것으로 추정되는 중국 허난성 신석기 유적에서 발굴된 고대 토기를 봐도 분명히 침 속에 있는 미생물의 발효를 이용해 술을 빚은 것으로 보인다. 기원전 4,500년경으로 추정되는 메소포타미아 지역의 고대 수메르 유적에서는 맥주를 즐기는 모습이 새겨진 인장seal이 발견되었고, 기원전 1,300년경의 고대 이집트 람세스 왕의 무덤에는 맥주를 마시는 장면이 그려진 벽화가 있다. 어느 시점을 잡아 보아도 인류는 매우 오래전부터 술을 의미 있는 음료로 생각했으며, 즐겨왔다는 사실을 알 수 있다.

이렇듯 인간이 술을 만들게 된 사건은 사회경제적 측면에서 혁명적이었다. 호모사피엔스를 문명화된 종種으로 만드는 데 미생물이 기여한 것은 분명하다.

2022 올해의 미생물로
효모가 선정된 이유는?

알코올은 발효 현상으로 만들어진다. 생명체가 살아가는 데 필요한 에너지를 얻는 방식은 두 가지다. 바로 호흡과 발효다. 보통은 산소가 충분하면 호흡, 산소가 모자라면 발효라고 정리한다.[*] 호흡을 통해서는 포도당이 해당과정 glycolysis[**]을 거치고, 시트르산 회로 Tricarboxylic Acid Cycle (이후 TCA 회로)와 전자전달계를 지나 산소와 합쳐지는 과정에서 모두 38분자의 아데노신 삼인산 Adenosine Triphosphate (이후 ATP)이 만들어진다. 반면 산소가 존재하지 않는 조건에서는 포도당에서 나온 전자가 해당과정을 거쳐서 바로 발효 과정으로 넘어가 단 2분자의 ATP가 생성된다. 적은

---

[*] 하지만 자연 상태에서 어떤 세포는 산소가 충분하더라도 발효를 선호한다. 오트 바르부르크 Otto Warburg 연구팀은 암세포에서 해당과정이 비정상적으로 활성화되면서, 그 산물인 피루브산이 TCA 회로로 들어가지 않고 바로 젖산으로 발효되는 것을 발견했다. 빠르게 자라는 세포에 에너지를 계속해서 빨리 제공하기 위해서 이런 현상이 일어난다는 사실을 밝힌 바르부르크는 1966년 노벨 생리의학상을 수상했다.

[**] 세포내에서 1분자의 포도당이 2분자의 피루브산으로 전환되는 과정을 말한다.

비용을 들여 비록 양은 적지만 필요한 만큼의 에너지를 얻는 방식인 셈이다. 이 과정에서 발효의 종류에 따라서 다양한 부산물이 생기는데, 그중 하나가 에탄올, 바로 알코올이다.

자연 상태에서 효모는 당분이 풍부한 과일의 표면에 산다. 포도의 표면을 하얗게 덮고 살아갈 정도로 포도 껍질을 좋아한다. 포도 껍질에는 에너지원으로 사용할 수 있는 포도당이 넘쳐나기에 여기에 사는 효모는 대사과정이 복잡하고 많은 효소가 필요한 호흡 대신 빨리 에너지를 얻을 수 있는 발효를 선택한다. 굳이 에너지 효율을 고민할 필요가 없는 것이다. 효모는 살아가는 데 가장 적절한 방식을 택했고, 인간은(또는 그 맛을 아는 다른 생물은) 효모가 전혀 의도치 않게 내놓는 부산물을 즐기는 셈이다.

그렇다면 우리나라에서 빚어서 마시는 막걸리는 어떨까? 막걸리의 주재료인 쌀에는 애석하게도 포도당이 별로 없다. 쌀에는 단당류인 포도당 대신에 다당류인 전분이 대부분이다. 이 상태에서는 알코올이 만들어지지 않으므로 추가 조치가 필요하다. 우리 조상들은 막걸리를 빚을 때 누룩곰팡이 *Aspergillus luchuensis* 라는 미생물을 함께 넣어주었다. 누룩곰팡이는 전분을 분해하는 아밀레이스 amylase 라는 효소를 만든다. 이 효소가 당화 saccharification 라는 과정으로 전분을 분해하면 단당류인 포도당이 만들어지는데, 이 포도당을 효모가 발효로 분해해 알코올이 만들어지는 것이다. 이렇게 두 종류의 미생물이 협력해서 막걸리를 만든다.

효모라는 생명체,
발효라는 생물학적 과정

그런데 오랫동안 인류가 이용해온 발효가 생물학적 과정이라는 사실을 알게 된 것은 비교적 최근이다. 오랫동안 사람들은 발효가 화학적 과정이라고 생각했다. 효모가 생명체라고 생각하지 못했기 때문이다. 17세기 후반 세균을 최초로 관찰한 인물인 네덜란드의 안톤 판 레이우엔훅Anton van Leeuwenhoek은 효모를 관찰하고 기록했으나 효모가 살아 있다고 생각하지 못했고, 맥아즙을 만드는 곡물의 전분 입자라고만 여겼다. 18세기의 유명한 사전 편찬자이자 평론가였던 영국의 새뮤얼 존슨Samuel Johnson은 자신이 편찬한《영어사전 Dictionary of the English Language》에 'yeast' 항목을 수록했지만, 이 단어를 '술을 만들고 빵을 부풀리기 위해 넣는 첨가물'이라고 정의했다.

효모가 살아 있는 생명체이며, 발효가 바로 이 생명체에 의한 생물학적 과정이라는 사실을 밝혀낸 이는 바로 세균학의 아버지라 불리는 루이 파스퇴르Louis Pasteur로 지금으로부터 약 150년 전, 1876년의 일이었다.

원래 화학자였던 파스퇴르는 포도주에 포함된 주석산의 결정학을 연구하던 중 생물과 무생물이 광학 활성에서 결정적인 차이를 보인다는 사실을 발견하고 생물학 연구로 방향을 전환했다. 그는 발효된 용액에서 광학적 비대칭성*을 지니는 알코올을 발견했고, 효모 세포가 출아 과정으로 증식하는 것을 관찰하고 발표했다. 알코올 발효가 살아 있는 생명체의 활동이라는 사실을 밝혀낸 것이다. 그는 알코올뿐만 아니라 젖산이나 아세트산 발효도 미생물의 작용이라는 사실을 증명했고, 이후 프랑스 포도주 산업을 와해 위기에서 구해내기도 했다.

파스퇴르가 릴 대학의 교수로 있을 때 인근의 양조업자가 찾아와 포도주 맛이 시큼해지는 등 문제가 생기는 원인과 해결책을 찾아달라고 부탁했다. 파스퇴르는 변질된 술통의 액체가 멀쩡한 술통과는 달리 먼지 같은 이물질이 들어 있는 것처럼 보인다는 사실을 발견하고, 각각의 술통에서 시료를 채취해 현미경으로 확대해 보았다. 그 결과 발효가 제대로 일어나 맛이 좋은 포도주를 만드는 술통에서는 작고 둥근 구조(즉, 효모)가 보였지만, 그렇지 않은 시큼한 맛의 술통 시료에서는 검고 길쭉한 구조가 관찰되었다. 조사해본 결과 이 시료에는 젖산lactic acid 이 가득했다. 포도주 맛을 변화시킨 원인이 젖산균lactic acid bacteria 으로, 알코올 발효 대신 젖산 발효를 하는 세균이라는 사실을 알아낸 것이다. 이 발견에 기초하여 그는 포도주의 맛에는 영향을 주지 않으면서 오염균만을 제거하는 방법인 저온살균법을 개발하기에 이른다. 지금도 이 방법은 술이나 우유를 멸균할 때 사용한다. 그래서 저온살균법을 그의 이름을 따서 파스퇴르화pasteurization 라고도 한다.**

---

* 분자식은 같으나 입체적인 구조가 달라 한쪽 방향으로 진행하는 빛, 즉 편광을 회전시키는 방향이 서로 반대인 특성을 말한다. 이런 특성을 가진 물질을 광학 이성질체라고 한다.

** pasteurization이라는 용어는 저온살균법만이 아니라, 파스퇴르의 또 다른 업적인 광견병 예방접종을 의미할 때도 쓰인다.

일상의 즐거움에
지속 가능한 생산 더하기

효모는 술뿐만 아니라 빵을 만드는 데도 필수적이다. 빵을 만들 때는 효모가 발효하면서 생기는 이산화탄소가 팽창제로 사용된다. 그러니까 빵을 만들 때도 효모의 발효가 중요한 과정은 맞지만, 발효로 만들어지는 물질이 직접 빵에 사용되는 것은 아닌 셈이다. 과거에는 제빵사들이 양조장에서 맥주를 만들 때 나오는 맥주 거품을 가져오거나 사들여서 사용했다고 한다. 하지만 지금은 양조용으로 쓰는 효모와 빵을 만들 때 쓰는 효모가 다르다.

2022년 일반및응용미생물학협회 Vereinigung für Allgemeine und Angewandte Mikrobiologie; VAAM 는 제빵용 효모를 '올해의 미생물'로 선정했다. "일상의 즐거움을 줄 뿐만 아니라 지속 가능한 생산에 대한 중요성"을 이유로 들었다. 원래 독일의 VAAM이 독자적으로 선정하던 올해의 미생물을 유럽미생물학회연합 Federation of European Microbiological Societies; FEMS 이 지원을 시작하고서 처음으로 선정한 미생물이었다. 참고로 2023년 올해의 미생물은 우리말로 고초균이라 부르기도 하는 바실루스 서브틸리스 *Bacillus subtilis* 였다. 이 세균은 "사람과 동물의 건강은 물론 산업적으로 똑같이 중요한 다양한 재능"을 가졌다고 평가되었다.

술과 빵을 만드는 데 사용되는 대표적인 효모는 **사카로미세스 세레비시에** *Saccharomyces cerevisiae* 다. 속명은 '당'을 의미하는 'saccharo-'에 균류를 의미하는 접미사 '-myces'가 붙었고, 종소명 'cerevisiae'는 다름이

사카로미세스 세레비시에

아니라 맥주를 의미하는 라틴어 cervisia 에서 온 것이다. 굳이 풀어보자면, '맥주의 설탕 곰팡이'라는 뜻이다. 이 효모는 진핵생물 중 가장 먼저 전체 유전체 염기서열이 해독된 생물이기도 하다. 물론 모든 포도주나 맥주에 똑같은 균주 strain 나 종의 효모가 사용되는 것은 아니다. 예를 들어, 필스나 라거와 같이 발효 맥주 양조에 쓰이는 효모 균주는 사카로미세스 파스토리아누스 Saccharomyces pastorianus 인데, 덴마크 코펜하겐의 칼스버그 양조장에서 처음 분리했다 해서 사카로미세스 칼스베르겐시스 Saccharomyces carlsbergensis 라고도 한다.

효모는 단세포라서 마치 덩치가 큰 세균처럼 보인다. 하지만 앞서 얘기한 대로 진핵생물로 세포내에 핵이 있고, 막 구조로 된 세포내 소기관을 갖는다. 또한 다른 균류처럼 무성생식과 유성생식의 생활 주기가 모두 존재한다. 대부분은 단세포의 한쪽 끝에서 돌기가 생기고 자라나면서 모세포에서 딸세포로 핵이 이동하는 형식인 출아 budding 방식으로 증식한다. 하지만 분열효모*Schizosaccharomyces pombe*와 같은 일부 효모는 출아가 아닌 분열 fission 방식으로 똑같은 딸세포 두 개로 나뉘기도 한다. 출아법으로 증식하는 경우에도 특별한 상황에서는 출아 이후에 세포들이 분리되지 않고 길게 이어지면서 실 모양을 형성하기도 하는데, 이를 위균사 pseudohyphae 라고 한다.

보통은 이렇게 파트너가 필요 없는 무성생식 방법으로 증식하지만, 영양물질이 부족하거나 혹은 다른 스트레스가 심한 상황에서는 반수체 haploid 가 거의 죽어버리고, 이배체 diploid* 가 살아남아 포자를 형성하면서 유성생식의 생활 주기로 증식하기도 한다. 이때 이배체에서 감수분열로 반수체의 포자가 만들어지고, 반수체끼리 접합으로 다시 이배체가 형성된다. 효모는 겉모양만 보면 매우 단순해 보이는 생명체이지만, 그 생활 주기를 들여다보면 결코 단순하지 않다.

효모는 다양한 생화학적·생리학적 과정에서 많은 물질을 만들어내면서 인간의 삶을 바꿔왔다. 그 밖에도 진핵생물의 모델 생물로서 대사·유전자 발현·세포 주기 등 많은 연구 대상으로 이용되며 산업적으로도 매우 유용하게 활용되고 있다.

---

* 생물체에서 염색체가 두 쌍으로 있는 경우를 이배체라고 하고, 한 쌍만 존재하는 경우를 반수체라고 한다. 사람을 예로 들어 보자면 체세포의 경우 46개의 염색체가 모두 존재하기 때문에 이배체로 2n이라고 표시하고, 정자와 난자 같은 생식세포의 경우 염색체가 절반만 존재하는 반수체이므로 n으로 표시한다.

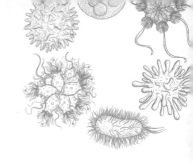

효모의 변이를 보면
인류의 맛 계통도가 보인다

2005년 워싱턴 대학의 저스틴 페이 Justin Fay 와 조셉 베나비데스 Joseph Benavides 는 포도주를 만드는 데 사용되는 효모 균주와 제빵에 이용되는 균주가 각기 '길들여졌다'는 연구 결과를 내놓았다. 그들은 현재 이용되는 효모가 어떤 방식으로 전파되고 변형되었는지를 추적하고자 전 세계에서 여러 출처의 효모 균주를 수집했다. 각종 균주를 수집해 놓은 균주 센터에서도 얻었고, 포도밭이나 사케 양조장에서도 받았다. 그중에는 아프리카 야자주와 인도네시아의 라기, 사과주를 만들 때 쓰는 효모도 있었고, 참나무에서 분리한 균주, 면역력 저하로 감염된 환자에게서 분리한 균주도 포함되었다.

지금 같으면 전체 유전체 염기서열을 결정 whole genome sequencing 했을 테지만, 당시에는 전장 유전체 분석이 비용이나 속도 면에서 그리 녹록지 않았다. 그들은 유전자 다섯 개와 그 유전자의 프로모터 부위의 염기서열을 결정했다. 겨우 그 정도만 분석했는데도 염기서열이 다른 위치가 모두 180개가 넘었다. 계통 분석을 한 결과 아프리카와 북아메리카의 참나무 삼출액에서 분리한 균주와 병원 환자에게서 분리한 균주가 야생 효모이면서 사카로미세스 세레비시에와 가까운 자매 종sister species인 사카로미세스 파라독수스Saccharomyces paradoxus 와 가장 유사했다. 이는 참나무 삼출액과 병원 환자에게서 분리한 균주들이 가장 오래되었다는 의미였다.* 발효에 쓰이는 균주 중에는 역시 아프리카에서 온 균주가 가장 오래된 것으로 나타났고, 포도밭과 사케에서 분리한 효모 균주는 다른 균주에 비해서 변이가 적었다. 균주들 사이에 변이가 적다는 것은 이 균주들이 동일한 기원을 갖는다는 의미다.

페이와 베나비데스는 이 결과를 두고 인류가 지금으로부터 약 1만 1,900년 전에 아프리카의 효모에서 현재의 사카로미세스 세레비시에의 조상을 길들였다고 봤다. 사케의 효모는 이 조상에게서 나온 균주로부터 약 3,800년 전에 분화되었고, 포도밭의 효모 균주는 약 2,700년 전에 나온 것으로 추론했다. 물론 이 연구 결과가 절대적인 것은 아니다. 포함한 균주의 숫자도 제한적이고, 비교한 유전자도 얼마 되지 않는다. 그뿐만 아니라 그들이 추정한 연대도 분석 방법에 따라서 달라질 수 있어서 확정적으로 얘기할 수 있는 것도 아니다. 하지만 놀랍게도 이들의 연대 추정은 고고학자들이 유적지에서 발견한 흔적의 연대와 얼추 비슷하다.

---

* 계통학적 분석을 했을 때 바깥그룹outgroup(여기에서는 사카로미세스 세레비시에의 자매 종인 파라독수스)과 가까울수록 원시적이라고 본다.

사실 추정 연대가 유적보다 조금 더 최근으로 나오는데, 아마 균주 숫자를 늘리고 전체 유전체를 비교하면 더 비슷해질 것으로 보인다.

순수함에서 벗어날 때
맛은 더욱 풍성해진다

그보다 더 중요한 사실은 포도주를 만드는 데 사용되는 효모와 사케를 만드는 데 사용되는 효모가 유전적으로 구분되는 그룹이라는 점이다. 모두 사카로미세스 세레비시에라는 동일한 종으로 분류되지만, 포도주를 만드는 데 적합한 균주와 사케를 만드는 데 적합한 균주가 다르다. 처음부터 포도주와 사케에 적합한 균주를 인간이 골라서 이용했을 수도 있고, 아니면 처음엔 같은 균주에서 시작했다가 포도주에 맞게, 또 사케에 맞게 인간이 점점 길들여왔을 수도 있다. 혹은 둘 다일 수도 있다. 처음부터 포도주와 사케에 각각 적합한 균주였던 것을 수천 년간 길들이면서 유전적 차이가 더욱 분명해진 것이다. 나는 마지막에 한 표 던지겠다.

전체 유전체 염기서열에 기초한 연구에서도 인공적인 발효에 이용되는 효모 균주 사이에 변이가 매우 적다는 사실이 확인되었다. 여러 연구에 따르면 전 세계적으로 양조, 제빵, 혹은 산업에 이용되는 사카로미세스 세레비시에 균주는 대체로 다섯 개의 주요 계통으로 이루어지는데, 이들 사이의 변이가 야생 사카로미세스 세레비시에나 다른 효모 종의 변이에 비해서 매우 적었다. 이 '길들인' 효모 균주들이 지리적으로는 여러 계통으로 나뉘면서도 유전체는 이 계통, 저 계통이 섞인 모자이크 구조를 보이는 것이었다. 이는 여러 지역의 계통들 사이에 교차 번식이 빈번하게 이루어졌다는 얘기다. 이런 교차 번식은 자연적으로 일어났을 수도 있지만, 그보다는 좋은 술과 좋은 빵을 만들려는 인간의 의도가 있었다고 보는 편이 더 타당해 보인다.

중국과학원의 펑옌바이 Feng-Yan Bai 등의 최근 연구는 과거 포도주에 쓰인 효모 균주가 유럽에서 처음 길들여졌을 것이라는 오래된 생각과는 다른 결과를 보여준다. 그들의 연구에 따르면 식품에 사용되는 '길들인' 사카로미세스 세레비시에 개체군이 기원한 중심지는 중국을 비롯한 극동 아시아일 가능성이 크다. 이는 중국에서 나온 균주들 사이의 유전적 다양성이 전 세계 다른 지역의 것들에 비해서 매우 크다는 결과에서 나온 추론이다. 어느 지역에서든 길들인 균주는 모두 이형접합성*이 매우 높은데, 이 연구 또한 같은 결과를 보여주며 이전의 결과를 뒷받침했다. 연구자들은 양조나 제빵에 사용되는 균주를 인류가 애초에 유전적으로 서로 다른 균주들을 교차 번식해서 만들었을 것이라는 설명을 내놓았다.

이런 결과들은 인류가 서로 매우 가깝게 연결되어 있었다는 사실을 알려준다. 사실 효모를 길들이는 일은 지금도 계속되고 있다. 좋은 술과 빵뿐만 아니라, 다양한 산업에 효모가 이용되고 있기 때문이다. 여기

---

* 한 쌍의 염색체가 있을 때, 각각의 염색체에 존재하는 대립 유전자가 서로 다른 경우를 의미한다. 이 경우 각 대립 유전자를 서로 거리가 먼 조상으로부터 물려받았을 가능성이 높아진다.

에는 효모를 서로 섞는 작업이 필수적이다. 좋은 술, 좋은 빵에도 순수한 것만이 좋은 것은 아니다.

인류는 효모로 일용할 양식을 얻었고, 삶의 즐거움을 추구할 수 있었다. 인류의 생존과 사회질서, 문명화가 효모를 바탕으로 구축되었다고 하면 과장일 것이다. 하지만 만약 효모라는 생명체를 인류 역사에서 제거했을 때를 상상해보면, 얼마나 삭막하고 빈약해질지는 충분히 떠올릴 수 있다. 곰팡이의 친척인 작은 단세포생물이 척박한 조건에서 살아가기 위해 에너지를 만들면서 생기는 부산물이 그토록 인류의 삶에 큰 영향을 주었음을 생각해보면, 이 지구에서 인간으로 살아가는 데 정말 많은 것의 도움을 받았음을 깨달을 수 있다.

2

최초의 민주주의를
세균이 무너뜨렸다고?

아테네 역병과 살모넬라

그런데 그들의 침입 후 며칠 지나지 않아 아테네인 사이에 전염병의 징후가 나타
났다. 이 병은 이전에도 렘노스섬 부근이나 그 밖의 여러 지역에서 발생했다고는
하지만, 이번만큼 많은 인명을 빼앗아간 기록은 없다. 처음에 의사들은 아무것도
모르는 채 치료해서 어떤 효과도 거둘 수 없었다. 도리어 그들 자신이 많은 환자
와 접한 만큼 사망하는 숫자가 더 많아졌다. 그리고 이 밖에도 여러 가지로 사람
의 지혜가 미치는 한 모든 노력을 다했지만 소용이 없었다. 신의 가호를 얻으려
고 신전에서 조력을 구하거나 예언이나 그와 유사한 것에 의지해도 전혀 영험이
나타나지 않아, 종당에는 병에 쓰러진 자들도 이것을 믿지 않게 되었다.[3]

투퀴디데스 Thucydides, 《펠로폰네소스 전쟁사 Peloponnesian War》 중에서

2,400년 만에 드러난
고대 그리스 몰락의 복병

모든 역사는, 적어도 서양의 역사는 그곳, 아테네에서 시작된다. 철학도, 과학도, 예술도, 그리고 민주주의도. 그러나 철학과 민주주의를 꽃피우던 아테네는 전혀 다른 문화와 사회구조를 가진 스파르타와의 펠로폰네소스 전쟁에서 패배하면서 몰락의 길을 걸었다. 전쟁에서 패배하는 데 한두 가지 원인만 있지는 않다. 하지만 아테네 성벽 안에 모여든 사람들을 쓰러뜨린 작은 생물체가 분명한 패배 요인 중 하나라는 사실은 누구도 부인하지 못한다. 이 작은 미생물은 전쟁의 승패를 좌우했을 뿐만 아니라 인류 문명의 방향을 바꾸었고, 인간이 인간을 바라보는 시선마저도 바꾸었다. 역사가들은 이 미생물이 일으킨 질병을 '아테네 역병Plague of Athens'이라고 부른다. 아테네와 아테네 민주주의의 몰락, 더 나아가 인간성에 관해 제기된 심각한 문제에까지, 이 미생물이 답의 실마리를 쥐고 있다.

1994년 아테네에서 지하철 연장 공사를 하며 지하에 터널을 뚫던 공사장 인부들이 우연히 아주 오래된 집단 매장지를 발견했다. 연구자들이 조사한 결과 기원전 5세기경의 유적으로 밝혀졌다. 집단 매장지에서는 240구의 유해가 발굴되었는데, 그중 최소 10명은 어린이였다. 한 여자아이의 유해는 두개골을 비롯해서 거의 손상되지 않은 채였다. 윗니가 아랫니보다 돌출되었고, 송곳니가 비뚤고, 심지어 입꼬리가 살짝 올라가 있다는 것까지 추정되었다. 고고학자들은 이 소녀에게 '미르티스 Myrtis'라는 이름을 붙였다. 당시 아테네에서 흔하게 사용된 평범한 이름이었다.

아테네 대학의 연구진은 미르티스의 온전한 유해를 이용해서 역

기원전 5세기경의 집단 매장지에서 발굴된
아테네 소녀 미르티스를 복원한 흉상

사에 기록된 오래된 의문점을 풀기로 했다. 왜 이 아이가 죽었는지, 나아가 집단 매장지에 수천 년 동안 묻혀 있던 유해들의 사인死因이 무엇인지를 파헤치기로 한 것이다. 그들은 치아 유골에서 DNA를 추출하는 데 성공했고, 이를 가지고 PCR* 기술을 이용하여 여러 후보 병원체를 조사했다. 그 결과 단 하나의 병원체에만 양성 반응이 나왔다. 바로 장티푸스의 원인균인 **살모넬라** *Salmonella* 였다. 작디작은 세균이 아테네라는 고대 최고의 도시를 휩쓸고 간 지 2,000여년이 지나서야 그 정체가 드디어 밝혀진 것이다.

펠로폰네소스반도, 민주주의의 요람에서 전쟁터로

지금 그리스라고 불리는 지역, 그러니까 펠로폰네소스반도와 아티카 지방에 '폴리스'라고 불리는 형태의 도시국가가 곳곳에 들어서기 시작한 것은 기원전 8세기경으로 알려진다. 하나의 통일 국가가 들어서기 힘든 입지 조건이었다. 폴리스들은 주로 해안 가까이 들어섰다. 독립적인 정치 체제를 가지긴 했지만, 폴리스들은 같은 언어를 썼고, 같은 종교를 믿었다. 그러나 1,000개가 넘는 폴리스 사이에 갈등이 적지 않았으며, 전투와 전쟁도 자주 치러야 했다. 폴리스들은 지금 기준으로 보면 고

---

* PCR은 Polymerase Chain Reaction(중합효소 연쇄반응)의 약자로, 변성(이중가닥 DNA가 단일가닥으로 분리되는 과정), 결합(프라이머 조각을 단일 가닥 DNA에 붙이는 과정), 신장(DNA 중합효소를 이용하여 이중가닥 DNA가 만들어지는 과정)의 세 단계를 반복하여 원하는 부위의 DNA를 증폭하는 방법이다.

만고만했지만 그래도 국력 차이는 있었다. 가장 강력한 폴리스는 아테네와 스파르타였다.

기원전 431년 고대 그리스의 도시국가들은 아테네와 스파르타를 중심으로 두 편으로 갈라섰고 전쟁이 벌어졌다. 아이러니하게도 페르시아의 침략에 맞서 델로스 동맹을 맺고 똘똘 뭉쳐 이겨낸 후였다. 승리후 동맹의 중심이었던 아테네가 지나치게 강력해진 탓이 컸다.

델로스 동맹은 페르시아 제국의 침입에 대비하고, 페르시아가 점령한 그리스 도시국가들을 독립시킬 목적으로 맺어졌다. 그런데 목적을 달성한 이후에도 아테네는 델로스 동맹을 해체하지 않았다. 그뿐만 아니라 기원전 454년에는 페르시아에 대항하고자 모은 공동자금의 금고를 델로스섬에서 아테네로 옮겨버리고, 페르시아와 강화조약을 맺는다. 아테네의 패권주의는 다른 폴리스들의 반발을 살 수밖에 없었다. 아테네는 동맹에서 탈퇴하려는 움직임을 보이는 도시국가를 무력으로 제압하면서 힘을 과시했다.

아테네가 강력한 해군력을 바탕으로 동맹을 주도하긴 했지만, 아테네 못지않은 경제력과 군대를 갖춘 스파르타가 여전히 건재했다. 아테네와 갈등을 빚으며 대립하던 스파르타를 중심으로 아테네에 반대하는 폴리스들이 규합했고, 마침내 두 세력 간 전쟁이 발발했다. 이미 아테네의 패권주의에 불만을 갖고 있던 도시국가들은 펠로폰네소스 동맹을 결성하고 아테네에 대항하기로 했고 여기에 스파르타가 주축으로 참여하면서 전쟁은 전면전으로 확대되었다. 펠로폰네소스 전쟁의 시작이었다.

전쟁 초기에는 아테네가 유리했다. 아테네는 막강한 해군력을 자랑했고, 스파르타의 강력한 육군은 아테네의 성벽을 넘어오지 못했다. 성벽은 거의 난공불락이었다. 아테네는 외항 피레우스까지 이르는 길 양쪽으로도 높은 벽을 쌓았기 때문에 필요한 물자와 식량을 안전하게 공급받을 수 있었다. 육지에서는 싸움을 피하고, 바다에서 결판을 내려는 아테네의 전략은 매우 타당해 보였다. 전쟁은 오래갈 것 같지 않다. 위대한 지도자 페리클레스Perikles 의 전략에 따라 20만 명이 넘는 아테네인들이 성벽 안으로 대거 몰려들었지만 조금만 견뎌내면 될 것으로 보였다.

그러나 어디선가 들어온 작은 세균이 그들 사이에 손쓸 새도 없이 퍼졌고, 전쟁의 승패마저 좌우했다. 민주주의라는 정치사상을 한참 동안 지구상에서 지워버렸으며*, 인간성에 깊은 좌절을 맛보게 했다.

아비규환의 성실한 기록자,
투키디데스

전쟁이 벌어지고 다음 해(기원전 430년) 아테네의 위성 항구 피레우스에서 환자가 생겼다. 얼마 지나지 않아 아테네 시내에서도 환자들이 속속 나오더니 사람들이 죽어나가기 시작했다. 아테네에는 평소보다

---

* 아테네 이후 민주정이 인류 역사에 다시 확립되기 시작한 것은 근대 이후이지만, 그 사이 930년 아이슬란드에서 자유민(물론 남성들만으로 구성된)들의 의회 민주주의가 실시되었던 적이 있다.

몇 배나 많은 인구가 모여들었던 탓에 위생 상태도 좋지 않았다. 한 번도 접해보지 못한 병인지라 병원체에 대한 면역성도 없었다. 아비규환이 따로 없었다. 성벽 안에서 시체를 태우는 불길에 연기가 시도 때도 없이 치솟자 역병이 옮는 것을 두려워한 스파르타군이 일시적으로 멀리 후퇴할 정도였다.

이 역병에 대해 유일하게, 또 아주 자세하게 기록으로 남긴 이가 투키디데스다.* 《펠로폰네소스 전쟁사》는 질병의 전파와 관련한 가장 오래된 기록이다. 그는 이 책에서 역병이 에티오피아에서 비롯되어 이집트와 리비아로 퍼져나갔다고 썼다. 이집트에서 환자를 실은 배가 피레우스 항으로 들어오면서 아테네에 비극이 시작되었다고 본 것이다. 일단 성벽 안으로 들어온 역병은 스파르타군의 공격에 상대적으로 안전하다고 생각했던 아테네인들을 사정없이 공격했다.

성실한 기록자 투키디데스는 환자들의 증상을 다음과 같이 자세히 묘사했다.

평소 건강했던 사람들도 갑자기 머리에 고열을 느끼고 눈에 염증이 생겨 충혈되었다. 그리고 혀와 목구멍에 출혈 증상이 나타나고, 호흡이 고르지 못하고 이상한 악취가 났다. 이런 증상

---

* 투키디데스는 기원전 465년경 아테네에서 태어난 것으로 알려진다. 20대 중반에는 페리클레스와 함께 지휘관으로 선출되어 스파르타와의 전쟁에서 함선을 지휘했다. 그러나 기원전 422년 암피폴리스 전투에서 패배한 후 아테네 민회에서 탄핵을 받고 아테네에서 추방되었다. 그 덕에 전쟁을 객관적으로 고찰하고, 역사를 기록할 수 있었다고 한다.

이 나타난 뒤에 재채기가 나오고 목이 쉰다. 그리고 이윽고 독한 기침과 함께 통증이 가슴으로 내려온다. 더 나아가 그것이 위까지 내려오면 구토가 일어나고, 전문가가 아는 한 그와 비슷한 부류의 온갖 담즙의 토사吐瀉에 시달렸다. 게다가 심한 기력 저하가 수반되어 일어났다. 그리고 일반적으로 사람들이 고통을 겪는 것은 구토로 인한 텅 빈 위의 격렬한 경련이었다. 이러한 증상들이 토사 상태 뒤에 점점 사라지는 사람이 있는가 하면, 언제까지고 계속되는 사람도 있었다. 피부에 손을 대어보면 특별히 열이 느껴지지는 않지만, 붉은색을 띠고 있어 창백해 보이지는 않았다. 도리어 검푸르고 작은 농포나 종기가 생겼다. 하지만 몸속으로는 이상하게 뜨겁게 느껴져 아무리 얇은 옷을 입고 있어도 참을 수 없어, 벗어던지고 찬물에 뛰어들면 얼마나 기분이 좋을까 하고 생각할 정도였다.[4]

이와 같은 증상을 겪은 환자들은 1주일 만에 거리에서, 사원에서, 우물에서 죽어갔다. 치료법도 없었다. 어떤 사람에게 효과가 있는 방법이 다른 사람에게는 오히려 해가 되기도 했다. 건강했던 사람이라고 딱히 병을 이겨낼 확률이 높지도 않았다. 살아남은 사람도 손가락, 발가락을 잃고, 생식기능이 파괴되기도 했다. 시력을 잃기도 했으며, 기억상실과 같은 후유증이 생기기도 했다. 역병은 젊은이와 노인, 부자와 가난한 자, 장군과 병사, 시민과 노예를 가리지 않았다. 이 병으로 7만 5,000명에서 10만 명가량이 사망했다고 알려졌는데, 이는 아테네 인구의 3분의

미첼 스위츠 Michiel Sweerts 가 그린 〈아테네 역병〉

1에 이르렀다. 아테네 소녀 미르티스도 이 중 한 명이었을 것이다.

역병은 민주정의 상징이면서 전쟁을 총지휘하던 아테네의 지도자 페리클레스마저 덮쳤다. 그는 살아남아 아테네의 영광과 전쟁의 경과, 역병 이후 몰락을 가감 없이 기록한 투키디데스와는 달리 병에서 회복하지 못했다. 투키디데스는 역병에 대해 "이것이 아테네인을 짓누른 재앙의 본질이었다. 도시 안에서는 사람이 죽어갔고 바깥에서는 영토가 유린당했다"라고 기술하며 마무리했다.

전쟁이 길어지면서 역병으로 초토화된 아테네의 국력은 스파르타보다 빨리 소모되었다. 아테네는 두 번 다시 전쟁 초기의 병력을 회복하지 못했고, 끝내는 시칠리아 원정이라는 큰 실책을 저지르고 결정적인 패배를 맞이했다.

전쟁에서 패배한 아테네는 함대를 스파르타에 넘겨야 했으며, 성벽도 헐어야 했다. 델로스 동맹이 해체되는 것은 당연했다. 아테네에는 스파르타의 간섭을 받는 과두정부가 들어섰다. 전쟁에서 승리한 스파르타는 고대 그리스의 패자로 군림했지만, 영화는 오래 지속되지 못했다. 내분이 일어나고 혼란을 겪다 기원전 338년 알렉산더대왕Alexander the Great 의 아버지인 마케도니아의 필리포스Philippos 2세에게 정복당하면서 그리스 문명은 종말을 향해 나아갔다.

아테네 역병이 고대 그리스 문명이 몰락하는 데 가장 중요한 원인이었다고 볼 수는 없다. 하지만 아테네 역병이 가져온 여파가 아테네 국력의 쇠퇴로 이어져 전쟁의 향방을 갈랐고, 결국 고대 그리스 문명의 운명에도 영향을 미쳤다는 사실은 부인할 수 없다. 게다가 질병이 인간의 존엄성에 기초한 사회를 무너뜨리는 것을 목도할 수밖에 없었다.

고유전체학,
아테네 소녀 미르티스의 사인을 밝히다

그동안 아테네 역병의 원인에 대해서는 무려 30가지가 넘는 병원체가 지목되어 왔다. 그중에서도 가장 그럴듯했던 것이 페스트, 발진티푸스, 두창痘瘡(천연두), 맥각중독, 성홍열, 홍역과 같은 질병이었다. 이 중 페스트는 아테네 역병을 지칭하는 'Plague of Athens'에서, 넓은 의미의 역병을 뜻하는 'plague'를 좁은 의미의 병명, 즉 페스트로 잘못 인식하여 온 것일 뿐 아니라 증상도 전혀 맞지 않아 가장 먼저 부정된다. 나머지 질병들은 나름대로의 근거를 바탕으로 제기되어 왔지만, 어느 것도 투키디데스가 묘사한 증상에 정확히 들어맞지 않았다. 그러다 최근 고유전체학paleogenomics의 연구 결과로 한 미생물이 아테네 역병의 정체로 가장 강력하게 떠올랐다.

이 장 맨 앞에 기술한 대로 아테네 소녀 미르티스의 치아 유골에서 얻은 DNA를 분석한 결과 아테네 역병은 장티푸스일 가능성이 매우 크다. 그러고 보니 투키디데스가 기술한 증상이 장티푸스의 증상과 매우 유사하다. 물론 여러 감염병이 뒤섞여 있을 가능성도 제기되었고, 아테네 대학 연구진의 연구 방법과 결과에 대한 문제 제기도 없지 않지만, 여기서는 아테네 역병이 장티푸스라는 것을 전제로 이야기를 이어나가기로 한다.

장티푸스와 발진티푸스,
아테네 역병의 정체는?

장티푸스는 그람-음성균 gram-negative bacteria 에 해당하는 **살모넬라 엔테리카** *Salmonella enterica* 중에서도 특정 혈청형, 즉 티피뮤리움 *Typhimurium* 혈청형 serovar 또는 serotype *에 감염되어 발생하는 감염질환이다. 살모넬라 엔테리카는 두께 약 0.7~1.5마이크로미터, 길이 약 2~5마이크로미터 정도 크기로 막대 모양의 조건부혐기성(또는 통성혐기성) 세균이다. 이런 종류의 세균은 산소가 있으면 산소를 최종전자수용체로 사용해 호흡하고 에너지를 얻어 활동하지만, 산소가 없어도 무산소 호흡이나 발효를 통해서 살아간다. 살모넬라 엔테리카는 아포를 만들지 않고, 편모를 가지므로 스스로 운동할 수 있다. 살모넬라 엔테리카에 속

---

* 혈청형이란 세균이나 바이러스의 같은 종 내에서 숙주에 대한 면역반응이 다른 변이를 의미한다. 세균이나 바이러스의 표면 항원이 다르기 때문에 나타나는 현상이다. 혈청형마다 서로 다른 숙주를 감염시키기도 하고 판이한 감염질환을 발생시키기도 하므로 혈청형 분석은 미생물학적으로, 임상적으로 매우 중요하다. 살모넬라나 대장균의 혈청형은 균체항원 somatic antigen, O-antigen 과 편모항원 flagellar antigen, H-antigen 으로 구분한다. 예를 들어, 대장균은 대부분 몸속에서 별문제를 일으키지 않는 상재균 colonizer 인 데 반해, 혈청형 H7:O157은 강력한 장 독소를 만들어내는 맹독성 세균이다.

하는 대부분의 혈청형이 당을 발효해서 황화수소^{H_2S} 가스를 만들어내는 데 반해 티피뮤리움 혈청형만은 그러지 않는다.

이 세균은 사람의 체온 부근에서 가장 잘 생장하지만, 섭씨 2~54도$^{℃}$ 범위의 극도로 낮거나 높은 온도에서도 생존한다. 시그마인자$^{σ\ factor}$ 가 열 스트레스에 반응해 온도 변화에 따라 유전자 발현을 조절하면서 높은 온도에서도 살아남고, 저온충격단백질$^{Cold\ Shock\ Protein;\ CSP}$ 을 만들어서 저온에도 신속하게 반응한다. 넓은 범위의 온도에서 살아남을 수 있다는 말은 그만큼 이 세균이 인체 외부의 다양한 조건에서 생존하면서 감염 대상을 넓힐 수 있다는 의미다. 오염된 음식이나 물을 섭취했을 때 발병하는데, 감염접종량$^{infectious\ dose}$ * 이 10^3~10^6 정도로 다른 병원균과 비교해봐도 적은 개체 수로도 감염을 일으킨다.

고열과 발진을 동반하는 질환을 통틀어서 '티푸스'라고 하는데, 나폴레옹의 러시아 원정을 실패로 몰고 간 발진티푸스와 명칭부터 헷갈린다. 하지만 발진티푸스는 이를 매개로 전파되는 리케차 프로바제키 *Rickettsia prowazekii* 에 의한 감염질환이다. 발진티푸스가 팔다리 근육통과 발열 증상이 나타난 후 온몸에 발진이 생기는 반면, 장티푸스는 열이 먼저 오르고 2~5일 정도 지난 후 배, 등, 복부 등에 발진이 생긴다. 그러니까 장티푸스와 발진티푸스는 원인과 증상이 다른 셈이다. 이 둘이 다른 질병이라는 사실은 17세기 중반에 와서야 영국 의사 토머스 윌리스

---

* 감염접종량이란, 감염을 일으킬 수 있는 세균의 양을 말한다. 이 수치가 낮을수록 감염을 일으킬 가능성이 크고, 독성도 높다고 볼 수 있다.

Thomas Willis에 의해 밝혀졌다. 다만 1829년 프랑스의 피에르 찰스 알렉상드르 루이Pierre Charles Alexandre Louis가 장티푸스의 병명을 발진티푸스Typhus fever와 비슷하다는 의미로 'Typhoid fever'로 지으면서 혼동을 말끔하게 없애지는 못했다(-oid가 '~와 비슷한', '~와 유사한'이란 의미다). 당시는 두 질병의 병원체가 발견되기 전이었으니 그럴 만도 하다는 생각이 든다. 참고로 '티푸스typhus'는 '연기 자욱한', '희미한', 또는 '흐릿한'이라는 뜻을 지닌 그리스어 '티포스typhos'에서 유래된 말이다. 환자가 고열로 정신이 몽롱해진 상태를 빗대 지어졌다.

1873년에 와서야 영국 의사 윌리엄 버드William Budd는 장티푸스가 주로 물을 매개로 옮는다는 사실을 밝혀냈다. 무려 40년 동안의 꾸준한 관찰로 알아낸 사실이었다. 뒤에 5장에서 다시 이야기하겠지만 존 스노John Snow는 1849년 감염지도를 그려서 콜레라가 물을 매개로 전파된다는 사실을 밝히고 감염역학 분야에서 기념비적인 업적을 세웠다. 그렇지만 실질적으로 감염질환을 예방하고 제어하는 데 깨끗한 식수 공급과 하수도 정비가 중요하다는 사실을 인정하게 된 것은 1870년대 버드의 발견 이후라고 볼 수 있다.

장티푸스의 원인균은 1880년 독일의 병리학자 카를 요제프 에베르트Karl Joseph Eberth가 장티푸스로 사망한 환자의 림프샘에 있는 파이어판peyer's patch과 지라spleen에서 처음 발견하고 발표했다. 그렇지만 에베르트는 원인균을 발견했을 뿐 배양하지는 못했다. 에베르트 발견 1년 후 게오르크 가프키Georg Theodor August Gaffky가 장티푸스의 원인균을 배양하는 데 성공했다.

장티푸스 원인균에 살모넬라라는 학명이 붙은 것은 가프키가 세균 배양에 성공한 지 다시 1년이 지난 후였다. 돼지콜레라로 죽은 돼지 창자에서 세균을 분리하는 데 성공한 미국 농무부 수의과 연구원이었던 테오발드 스미스Theobald Smith가 부서의 책임자였던 대니얼 샐먼Daniel Elmer Salmon의 이름을 따서 살모넬라라는 속명을 지은 것이다. 사실 스미스는 당시에는 이 세균을 돼지콜레라의 원인균으로 잘못 알고 있었다 (그래서 학명을 살모넬라 콜레라수이스Salmonella choleraesuis라고 했다). 이후 이 세균이 장티푸스의 원인균이라는 게 밝혀지면서 종소명이 바뀌어 살모넬라 엔테리카가 되었다.

'염병'이 무시무시한 저주이자
욕설인 이유

김부식의 《삼국사기》에 통일신라 시기 '여역瘻疫'이라는 이름으로 우리나라에 처음 등장한 것으로 보이는 장티푸스는 과거 '장질부사腸室扶斯'라 불리기도 했다. 장티푸스의 일본어 발음을 음차해서 쓴 것이다. 그런데 장질부사 전에 이 감염질환에 쓰이던 병명이 있다. 바로 '염병染病'이다. '염병할 놈'과 같이 욕으로 쓰이는 바로 그 말이다. '염병할'은 '염병을 앓을', 나아가 '곧 죽게 될'이라는 뜻으로, 장티푸스는 걸렸다 하면 목숨을 장담할 수 없는 가장 무서운 질병이란 인식이 반영되었다. 당연히 상대방을 향한 무시무시한 욕이자 저주일 수밖에 없었다. 《조선왕조실록》을 검색해보면 '염병'이라는 단어가 모두 736번이나 등장하는데,

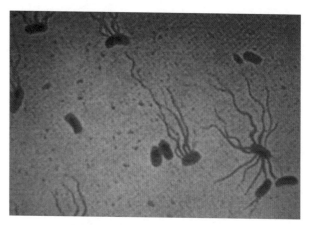

살모넬라 엔테리카 티피뮤리움 혈청형

특히 17세기 숙종 때 자주 나온다. 당시는 소빙하기로 전 지구적인 이상
저온으로 혼란을 겪던 때였다.

　　장질부사란 명칭에서도 알 수 있듯 살모넬라는 장, 즉 창자에서
번식한다. 살모넬라 속屬, genus 에는 살모넬라 엔테리카 말고는 살모넬
라 봉고리Salmonella bongori 라는 종밖에 없다. 단 두 개의 종만 있는 것이
다. 그런데 살모넬라 엔테리카에는 종種, species 수준으로는 구분되지 않
는 수많은 혈청형이 존재한다(실험실에서 알려진 살모넬라의 혈청형만 해
도 2,600개가 넘는다). 그중에 사람에게 병을 일으키는 장티푸스 살모넬
라typhoid Salmonella 가 있고, 병원성이 약한 비장티푸스 살모넬라non-typhoid
Salmonella 가 있다. 아테네 역병을 일으킨 것으로 보이고, 우리에게 염병
이라는 무서운 이름을 선사한 장티푸스는 앞에서 잠깐 언급했듯 티피뮤
리움 혈청형의 세균에 의한 병으로, 이 혈청은 D그룹에 속한다. 티피뮤
리움 말고도 파라티푸스균Paratyphi 도 장티푸스의 원인균인데, 이 둘은

최초의 민주주의를 세균이 무너뜨렸다고?

사람에게만 감염된다. 반면 살모넬라 속의 다른 세균들은 사람과 동물 모두 감염하지만, 사람보다는 동물에 더 흔하다.

살모넬라 엔테리카가 가져온
민주주의의 잠복기

장티푸스균은 유전적으로 매우 젊은 세균 종이다. 유전학 연구 결과에 따르면 전 세계 균주들 사이에서도 유전적 변이가 매우 적다. 이는 다른 종에서의 분화가 매우 최근에 일어났다는 얘기다. 키드겔Claire Kidgell 등은 그 시기를 인류가 수렵채집인으로 살아가던 약 5만 년 전쯤으로 추정했다. 인간은 일반적으로 이처럼 최근에야 새로운 종으로 분화한 병원균에 면역성을 갖추지 못했다. 따라서 이 균들은 다른 병원균보다 병원성이 더 큰 경향이 있으며, 인류에게 더 큰 피해를 입혀왔다.

14세기 유럽 인구의 3분의 1 이상을 죽음으로 몰고 간 페스트균 역시 최근에 진화하여 유전적 변이가 매우 적은 세균이다. 최근 연구는 청동기 시대인 기원전 2,000년 경 아직 완전히 인간을 숙주로 삼지 않았을 살모넬라 엔테리카가 지중해의 크레타섬에 존재했을 가능성을 제시하는데, 크레타섬이 지역적으로 그리스와 매우 가까울 뿐만 아니라

고대 그리스 문명으로 이어진 크레타 문명의 중심지라는 점에서 주목할 만하다.

살모넬라가 면역반응을
교묘하게 이용하는 방법

장티푸스 말고도 대표적인 장 감염증으로는 콜레라와 이질이 있다. 뒤에 다시 등장하겠지만 이것들 역시 인류의 역사에서 커다란 역할을 한 감염질환이자 미생물이다. 그런데 장티푸스는 콜레라나 이질과는 달리 설사가 먼저 오지 않고 고열과 두통에 먼저 시달린다. 왜 그럴까? 그건 살모넬라가 인체를 감염하는 방식 때문이다. 인체의 방어 작용에서 일차적으로 큰 역할을 하는 것 중 하나가 대식세포macrophage 와 같은 식세포다. 식세포는 혈액 등에 존재하면서 외부에서 침입하는 세균이나 바이러스 같은 물질을 자신 안으로 끌어들여(이를 '잡아먹는다'라고도 표현한다) 효소나 독소로 소화하고 분해한다. '세포성 면역cellular immunity' 이라고 불리는 이러한 작용은 일리야 메치니코프Ilya Mechnikov 가 맨 처음 발견했다.

그런데 살모넬라는 식세포로도 파괴되지 않고 도리어 내부에서 증식한다. 위를 거쳐 작은창자에 이른 살모넬라는 외부에서 침입한 병원체를 감시하는 임무를 수행하는 파이어 판(앞서 에베르트가 맨 처음 장티푸스의 원인균을 발견했다고 한 장소다)에 갇힌다. 이후 파이어 판에 있는 M세포가 살모넬라를 식세포로 넘기는데, 식세포에 잡힌 살모넬라는

PhoP/PhoQ 시스템이라고 하는 두 요소 조절 체계Two-Component regulatory System; TCS 와 III형 분비 체계Type III Secretion System; T3SS 를 이용해 식세포의 공격을 막는다. PhoP/PhoQ 시스템은 외막단백질의 발현을 유도하고, 지질다당체lipopolysaccharide; LPS 를 변화시켜 세균이 항균 환경에서도 견딜 수 있도록 외막을 변형한다. III형 분비 체계를 통해서는 식세포 내에서 세균이 생존하는 데 필요한 단백질을 분비한다.

살모넬라는 식세포 내에서 증식하기 전까지 증상이 나타나지 않는다. 잠복 기간이 1주일가량 지속되는데 이 시기에는 혈액 배양을 하더라도 세균이 배양되지 않는다. 그러다 세균이 일정 수 이상으로 증식하면 식세포 밖으로 방출되어 혈액 안으로 들어가면서 사이토카인cytokine 을 방출한다(사이토카인은 6장에서 자세하게 설명한다). 병원체가 혈액으로 먼저 들어가기 때문에 고열과 심한 두통이 먼저 오는 것이다.

살모넬라가 다른 병원균에 비해 심각한 증상을 나타내는 이유 중 하나는 사람이 병원균을 막기 위해 발달시켜 온 면역반응을 강탈하기 때문이라는 연구도 제시되고 있다. 장내에 침입한 살모넬라균은 장내의 황화합물을 산화시켜 테트라티오네이트tetrathionate 라는 호흡 전자수용체electron acceptor 를 합성한다. 이 방법으로 산소가 부족한 상태에서도 발효가 아니라 효율이 좋은 세포 호흡으로 생장한다. 그런데 살모넬라가 이용하는 황화합물인 테트라티오네이트는 외부에서 침입한 병원체를 물리치기 위한 인체 면역반응의 부산물이다. 그러니까 살모넬라균은 우리 면역체계를 교묘하게 이용해서 다른 미생물들과의 경쟁에서 우위를 점하고 장내에서 폭발적으로 숫자를 늘려간다.

장티푸스 메리,
보균자의 위험성을 알리다

장티푸스는 20세기 들어서도 항생제가 등장하기 전에는 사망률이 20퍼센트에 이를 정도로 치명적인 질병이었다. 이마저 오랫동안 이 미생물과 접해오면서 낮아진 수치였다. 하지만 이제는 조기에 항생제 치료를 받으면 1퍼센트 미만이다. 아테네에서 그렇게 빠른 속도로 많은 사망자가 나온 데에는 밀집된 환경도 한몫했을 테지만, 이전에는 접해보지 못했던 병원체였기 때문일 가능성도 크다. 항생제가 보급되고 환경이나 위생 상태가 개선되면서 선진국에서는 환자 수가 급격히 줄었지만, 아프리카나 남아메리카·동남아시아·서대서양 지역 등에서 감염이 발생했다는 기사가 종종 보고된다. 전 세계적으로 매년 1000만 명에서 2000만 명가량이 감염되어 10만 명 이상이 사망한다고 추정되는 등 전 세계적인 유행에서 완전히 벗어나지는 못했다.

그런데 미생물에 감염되고도 증상이 없거나 감염 후 회복되고도 증상 없이 세균을 계속 보유하는 사람이 있다. 보균자라고 불리는 이들이 병원체를 퍼뜨리고 질병을 옮기기도 한다. 그 대표적인 예로 맨 처음 주목받은 이가 바로 20세기 초 미국에서 '장티푸스 메리 Typhoid Mary'라 불렸던 메리 맬런 Mary Mallon 이라는 여인이다. 1900년대 초반 10대의 나이로 오로지 살고자 미국으로 건너온 이 가련한 요리사는 요리 솜씨가 뛰어났지만, 불행하게도 장 속에 살모넬라를 갖고 있었다. 비록 그녀는 아무런 증상이 없었지만 자신이 만든 요리를 세균으로 오염시켰고, 여럿이 죽었다. 보균자가 그녀 혼자만은 아니었지만, 여성 이민자라는 소수자에 대한 인식 때문에 23년이나 외딴 섬의 병원에 수용되어야 했고, 죽은 후에야 나올 수 있었다. 그녀는 '장티푸스 메리'라는 과장된 별명과 함께 보균자의 위험성을 보여주는 교육적 자료로 역사에 남았다.

생물학적 병리 현상이
사회적 병리 현상으로

장티푸스에 의한 아테네 역병은 아테네의 몰락은 물론, 나아가 그리스 문명의 쇠퇴를 가져왔다. 더욱 인상 깊은 점은 이 질병이 아테네 사회 자체를 극적으로 바꾸고, 사람이 사람을 바라보는 관점을 변혁했다는 것이다.

투키디데스도 이 역병으로 바뀐 아테네 사회의 모습을 인상 깊게 서술했다. 의사들은 생전 처음 겪는 질병을 치료하다가 종종 환자보다 먼저 목숨을 잃었고, 신의로 환자 곁을 지키며 돌보던 사람들 역시 병에 걸려 죽었다. 이런 상황에서는 명예나 의무보다 자신의 목숨이 더 중요했다. 그들이 만들고 따르며 늘 함께한다고 믿은 신들도 의심스러웠다. 곧이어 자신들을 버린 신들을 믿지 않게 되었고, 신들을 향한 두려움도 갖지 않게 되었다.

인간들이 만든 법도 무시하기 시작했다. 노모스nomos 라고 하는 사회의 관습·규약·행동양식 같은 근본 규범이 생명력을 잃었다. 어차피 죽는다면 눈앞의 쾌락을 좇는 것만이 자신들에게 주어진 유일한 보상이라 여겼다. 죽음의 그림자가 짙게 드리운 가운데 목숨도 재물도 덧없다는 풍조가 사회를 뒤덮었다. 사회의 해체였다. 《리바이어던》을 쓴 토머스 홉스Thomoas Hobbes가 젊은 시절 투키디데스의 《펠로폰네소스 전쟁사》를 영어로 번역하면서 특히 눈여겨본 지점이 바로 역병이라는 재난이 아테네 사회 전반에 가져온 끔찍한 영향이었다. 홉스는 아테네 역병이 인간에 대한 인간의 신뢰가 존재하지 않는다는 사실을 뒷받침하는 중요한 증거라고 보았다. 또한 질병과 전쟁으로 인한 혼돈이 민주주의라는 정치 체제의 무능을 보여준다고 했다.

4~5년에 걸친 역병으로 아테네는 군사력이 약화되었고, 결국 스파르타군에 패하고 말았다. 이후로 과거의 정치적·문화적 영광은 다시 오지 않았다. 강력한 경쟁 상대가 사라진 탓인지 스파르타도 힘을 잃기 시작했고, 결국 그리스 전체가 마케도니아에 정복당하기에 이른다. 이로써 고대 그리스 문명은 종말을 맞고, 서양의 중심이 로마로 옮겨간다.

인간이 발달시켜 온 면역체계를 강탈해 인체 조직을 파괴하는 살모넬라는 사회의 면역체계도 교란했다. 살모넬라에 의한 장티푸스는 좁게 보면 생물학적 병리 현상이다. 하지만 이 생물학적 병리 현상은 전쟁의 승패에 강력한 영향력을 행사했을 뿐만 아니라 사회적 병리 현상으로 이어졌고, 끝내는 고대 역사의 물줄기를 다른 방향으로 옮기는 데 한몫했다. 민주주의는 아주 오랜 잠복기를 가지게 되었다.

'콜럼버스의 교환'은
왜 '면역 전쟁'이라 불릴까?

천연두바이러스와 매독균

말을 탄 스페인인들은 길고 짧은 창을 들고 살인과 기괴한 잔혹 행위를 저지르기 시작했다. 크고 작은 도시와 마을에 뛰어든 그들은 어린이도 노인도, 심지어 애를 밴 여자와 그 뱃속의 태아도 남겨두지 않았다. 마치 우리 안에 가둔 양 떼를 잡듯이 배를 가르고 토막을 냈다. 한칼에 얼마나 통쾌하게 배를 가르느냐, 얼마나 멋있게 목을 자르느냐, 얼마나 똑바르게 창을 꽂느냐를 놓고 서로 내기를 걸기도 했다.[5]

존 캐리 John Carey, 《역사의 원전 The Faver Book of Reportage》중
바르톨로메 데 라스 카사스 Bartolomé de las Casa 의 말

인류가 처음으로 지구상에서
질병을 내쫓은 기술

크리스토퍼 콜럼버스Christopher Columbus가 아메리카 대륙을 발견한 이후 유럽과 아메리카 대륙 사이에 여러 생물과 작물이 교환된 것을 흔히 '콜럼버스의 교환The Columbian Exchange'이라고 부른다. 1972년 미국 역사학자 앨프리드 크로스비Alfred W. Crosby가 처음 사용한 용어다. 그는 '교환'이라는 용어를 중립적인 의미로 사용했지만, 그 교환은 불균등했고 결과는 처참했다. 특히 두 대륙 사이에 교환된 미생물은 더욱 그랬다.

재닛 파커Janet Parker는 지구상에서 천연두로 목숨을 잃은 마지막 사람이다. 그날은 1978년 9월 11일이었다. 1967년부터 천연두 근절 프로그램을 가동한 세계보건기구World Health Organization; WHO(이후 WHO)는 1977년 10월 26일 소말리아에서 발생한 환자를 마지막으로 더 이상 천연두가 발생하지 않는다고 확신하고 천연두 정복 선언을 준비하던 차였다. 그러나 영국 버밍엄 의과대학의 바이러스 연구실에서 **천연두바이**

러스 *variola major* 가 유출되었고, 위층 해부학과에서 일하던 의학사진작가 재닛 파커가 감염되었다. 8월 30일 입원한 그녀는 천연두에 걸렸다는 진단을 받고 10여 일 후 숨졌다. 재닛 파커의 아버지도 딸과 접촉하고 며칠 후 사망했는데, 다른 질환으로 죽었기에 천연두 감염 여부는 조사하지 않았다. 재닛 파커 이후 천연두는 더 이상 발생하지 않았고, WHO는 1980년 5월 8일 비로소 지구상에서 천연두가 사라졌다고 선언할 수 있었다. 그렇게 천연두는 인류가 근절시킨 최초의 질병이 되었다.[*] 천연두바이러스는 현재 최고 보안 등급을 지닌 미국의 질병통제예방센터 Centers for Disease Control and Prevention; CDC 와 러시아의 국립 바이러스·생명공학연구센터 Вектор 에서만 꽁꽁 얼린 채 보관되고 있을 뿐, 공식적으로 질병 자체는 사라졌다고 여겨진다.

인두법과 우두법, 바이러스와 면역의 역사

천연두는 최초로 인위적인 면역의 원리가 적용된 질병이다. 흔히 에드워드 제너 Edward Jenner 의 업적으로 인정된다. 그는 의사로 일하던 지방에 전해지던, '우유 짜는 여인 중에는 얼굴이 얽은 사람이 없다'는 말을 흘려듣지 않았다. 소가 걸리는 우두 vaccinia 는 천연두와 비슷하지만,

---

[*] WHO가 천연두 다음으로 목표로 삼은 질병은 소아마비다. 역시 바이러스에 의한 질병으로 2020년까지 아프가니스탄과 파키스탄 두 나라에서만 발생해 거의 근절된 것으로 보고 있지만, 아직 완전한 근절까지는 이르지 못했다.

사람이 걸리면 손에 작은 종기가 생기는 정도로 가볍게 지나간다. 그런데 우두에 감염된 사람은 천연두에 걸리지 않았다. 제너는 오랫동안 연구를 거듭했고, 확신이 서자 실제 사람을 대상으로 실험에 나섰다. 우두에 감염된 사라 넬메스Sarah Nelmes 라는 여인의 팔에 생긴 물집에서 고름을 짜낸 후 여덟 살짜리 소년 제임스 핍스James Phipps 의 팔에 랜싯을 이용해 얕은 상처를 낸 후 접종했다. 소년은 약간의 열, 두통과 함께 식욕이 떨어지는 등의 증상을 겪었으나 금세 회복되었다. 이후 제너는 소년의 양팔에 상처를 내고, 그 자리에 천연두 환자의 농포에서 뽑아낸 진물을 문지르는 방식으로 주입했다. 하지만 소년은 천연두에 걸리지 않았다.

제너는 결과를 즉시 발표하는 대신 신중하게 더 많은 사람을 대상으로 실험한 후, 1798년 〈잉글랜드 서부의 몇몇 주, 특히 글로스터 주에서 발견되었고 카우폭스라는 이름으로 알려진 병인 우두의 원인과 결과에 관한 연구〉라는 긴 제목의 논문을 발표한다. 이 논문은 줄여서 〈우두 백신의 원인과 결과에 관한 연구An Inquiry into Causes and Effects of the Variolae Vaccine 〉라고 불린다.* 프랑스의 나폴레옹Napoléon Bonaparte 은 영국과 전쟁 상황이었음에도 제너의 논문을 믿고 자신의 군대 병사들에게 우두를 접종했고, 제너에게 훈장까지 수여했다. 천연두 박멸의 시작이었다.

---

* 제너는 라틴어로 암소를 의미하는 바카vacca 에서 백신 접종vaccination 이란 용어를 만들어냈다. 백신vaccine 과 백신 접종이라는 용어는 오랫동안 단지 우두의 고름과 그것을 투여하는 행위만을 일컬었는데, 루이 파스퇴르가 이 용어를 일반적인 감염질환의 예방을 위해 약독화하거나 죽은 병원체를 사용하는 의미로 확장했다.

사실은 제너 이전에도 천연두 예방에 관한 지식과 실천은 있었다. 중국과 인도는 물론, 17세기 오스만 제국에서는 약하게 천연두를 앓는 사람의 물집에서 얻은 고름을 건강한 사람에게 접종하는 '인두법'이 시행되었다.

오스만 제국의 인두법은 메리 몬터규Mary Wortley Montagu 여사에 의해 영국에 도입되었다. 1716년 오스만 제국에 부임한 영국 대사의 부인인 그녀는 천연두의 공포를 생생하게 기억했다. 결혼하고 얼마 되지 않아 남동생을 천연두로 잃었고, 아들을 낳은 직후에는 자신도 천연두에 걸렸다. 다행히 회복되었지만, 아름다운 얼굴에 얽은 자국이 남았고, 양쪽 눈썹이 사라져버렸다. 호기심 많고 실행력 강한 메리 몬터규는 콘스탄티노플에서 인두법 얘기를 듣고 상세히 지켜본 후, 자신의 자녀에게 인두법을 직접 실행했고 성공을 거뒀다. 1721년 영국으로 돌아온 후 국왕인 조지 1세에게 강력하게 권고했고, 런던 뉴게이트 감옥의 사형수 여섯 명에게 인두법을 실험해 역시 성공을 거뒀다. 고아들을 상대로 한 추가 실험에서도 문제가 없자(옳은 방식이었는지는 의문이 적지 않다) 왕은 자신의 손녀에게 접종해도 좋다고 허가했다. 이를 기점으로 영국에도 인두법이 보급되기 시작했다. 인두법은 분명 효과가 있었지만 약 2~3퍼센트 정도가 접종 후 사망하는 등 안전성 문제가 없지 않았다. 꺼리는 사람도 많았다.

몇십 년이 지나 제너의 우두법이 성공을 거두자 위험한 인두법을 시행할 이유가 없어졌고, 우두법은 전 세계로 퍼져나갔다. 제너는 무엇이 천연두를 일으키는지 몰랐지만, 면역으로 질병을 예방할 수 있다는 것을 실제로 보여주었다. 그가 내딛은 첫걸음은 하나의 질병을 지구상에서 멸절시키는 데까지 이르렀다.* 그런데 이 바이러스를 물리치는 데 핵심적인 역할을 담당한 면역이라는 현상이 한 대륙에는 파괴적인 결과를 가져왔다.

---

* 천연두를 퇴치하는 데 중요한 요인으로는 상대적으로 짧은 잠복 기간, 명확한 증상, 인간이 유일한 감염원일 것, 그리고 효과 좋은 백신 등이 꼽힌다. 특히 천연두바이러스는 6장에서 이야기할 인플루엔자바이러스와는 달리 항원대변이와 같은 현상이 생기지 않아 한 번 개발한 백신으로도 충분히 효과를 발휘할 수 있었다.

유럽에선 익숙한 미생물이
왜 아메리카에선 파괴적 무기가 되었나?

아스테카Azteca 왕국(아즈텍 제국이라고도 불린다)은 지금의 멕시코가 자리한 지역에서 번성했다. 호수 한가운데 위치한 수도 테노치티틀란(오늘날 멕시코시티)은 주변의 부족들에게서 약탈하거나 조공 받은 식량과 사치품으로 화려하기 그지없는 모습을 뽐냈다. 1521년 그 견고한 제국을 무너뜨리고자 스페인의 에르난 코르테스Hernán Cortés가 600명의 콩키스타도르Conquistador를 이끌고 유카탄반도에 상륙했다.

그들은 바로 테노치티틀란으로 진격했다. 아스테카 왕국 군대와의 첫 조우에서 코르테스는 병력의 3분의 1을 잃는 패배를 맛보았다. 무기는 우세했지만 수적으로 상대가 되지 않았다. 그들은 아스테카 군대가 그들을 완전히 몰살시킬 것이라 여기며 두려워했다. 하지만 공격은 없었다. 반신반의하며 제국의 수도로 진격한 콩키스타도르들은 아연실색했다. 이미 수도는 함락된 것이나 마찬가지였다. 거리와 광장, 집과 창고에 시체들이 나뒹굴었다.

그 전해 스페인이 지배하던 쿠바에서 아스테카로 파견된 원정대의 노예가 퍼뜨리고 간 질병이 제국을 휩쓸었던 것이다. 질병에 속수무책이던 아스테카인들은 병에 걸리지 않는 스페인 병사들이 테오틀^{Teōtl}, 즉 신의 가호를 받고 있다고 여겼다. 제국의 황제 몬테수마^{Montezuma}는 남은 병력을 이끌고 필사적으로 저항했지만, 코르테스와 콩키스타도르가 아스테카 왕국을 집어삼키는 일은 식은 죽 먹기나 다름없었다. 16세기 초 2500만 명 정도로 추정되던 아스테카의 인구는 1550년에는 600만 명으로 감소했고, 이마저도 1600년에는 100만 명 정도로 줄어들었다.

아스테카 왕국을 집어삼킨 질병은 남하하여 몇 년 만에 남아메리카의 안데스산맥 일대를 호령하던 잉카 제국에까지 이르렀다. 당시 잉카 제국의 황제는 '태양의 아들'이라고 불리던 우아이나 카팍^{Huayna Cápac}이었다. 1527년 그는 후계자인 니난 쿠요치^{Ninan Cuyochi}를 대동하고 제국 북부를 돌고 있었다. 현재 에콰도르의 수도인 키토를 방문하던 도중 제국의 수도에서 전령이 도착했다. 수도 쿠스코에 심각한 질병이 번지면서 많은 왕족과 신민이 죽어가고 있다는 소식이었다. 몇 년 전 아스테카 왕국을 멸망시킨 바로 그 질병이었지만, 황제가 이를 알고 있었는지는 미지수다. 소식을 들은 황제 일행은 쿠스코로 방향을 돌렸다. 하지만 돌아가는 길에 황제가 그 질병에 걸리고 말았다. 그는 "내 아버지 태양이 부르는 곳으로 간다. 얼른 가서 그 곁에서 쉬어야겠다"라는 말을 남기고 세상을 떠났다.

황태자인 니난 쿠요치가 우아이나 카팍의 뒤를 이었지만, 그 역시

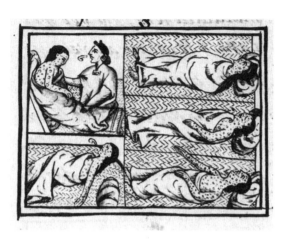

1520년 천연두로 죽어가는 아스테카인을 묘사한 그림

같은 병에 걸린 상태였고 얼마 못 가 죽고 말았다. 니난 쿠요치에게는 아타우알파Atahualpa 와 우아스카르 Huáscar 라는 이복형제가 있었는데, 둘 사이 권력 다툼으로 제국은 내전에 휩싸였다. 1532년 아타우알파는 결 정적인 승리를 거두고 황제의 자리에 오른다. 그러나 그사이에도 황제 들의 목숨을 앗아간 질병은 제국의 신민 사이에 번지고 있었으며 이미 사망자가 10만 명을 넘긴 상태였다. 제국은 내전과 질병으로 황폐해지 면서 힘을 잃어버렸다.

　　스페인의 프란시스코 피사로Francisco Pizarro 는 코르테스의 성공에 자극받아 1531년 겨우 168명의 병력을 이끌고 지금의 페루 지역에 상 륙했다. 그들은 말과 쇠로 된 무기, 총, 갑옷(모두 잉카에는 없던 것들이다) 을 주며 아타우알파를 지원했다. 아타우알파와 그의 제국 잉카는 내전 에서 승리했지만 이미 질병으로 이방인과 싸울 여력이 없었다. 피사로 와 병사들은 황제를 알현하는 자리에서 돌연 아타우알파를 생포하고 8

개월 동안이나 감금한 채 방안 가득히 황금을 채울 것을 요구하는 등 갖은 압박을 가했다. 1533년 7월 원하는 황금을 얻은 후에는 황제를 교수형에 처해버렸다. 황제마저 죽고, 대항할 힘도 잃은 잉카 제국 역시 허무하게 멸망해버리고 만다.

제국을 무너뜨린
천연두바이러스의 위력

아스테카 왕국과 잉카 제국을 집어삼켜 멸망을 재촉한 범인은 작디작은 바이러스였다. 천연두바이러스가 바로 그것이다. 물론 질병 하나 때문에 견고한 제국이 무너졌다고는 할 수 없다. 아스테카 왕국은 주변 부족들과의 갈등이 심해지고 있었고, 잉카 제국은 황실 내부의 세력 다툼이 언제고 폭발할 수 있는 상황이었다. 고립된 수도의 위치 등은 두 제국의 통일성을 떨어뜨렸다. 거기에 유럽에서 온 군대는 비록 수는 적을지라도 월등한 무기와 이동 수단을 지니고 있었다. 그럼에도 많은 역사가가 제국을 무너뜨리는 데 천연두가 일등 공신이었다고 공통되게 평가한다.

천연두는 '두창'이라고도 하고, '마마媽媽'라고도 불렸다. 마마라는 명칭은 이 치명적인 질병을 높여 불러서라도 달래려는 바람에서 나왔다는 이야기가 있다. 그 밖에 흑사병黑死病 (페스트), 백사병白死病 (결핵)과 비교하여 적사병赤死病, red plague 이라고도 했다.

천연두를 일으키는 바이러스에는 **대두창바이러스** *Variola major*, 바리올라 마요르와 **소두창바이러스** *Variola minor*, 바리올라 미노르가 있다. 심각한 질병을 일으키는 것은 대두창바이러스로, 소두창바이러스는 비교적 가벼운 증상만을 일으킨다. 그래서 천연두바이러스를 한정해서 쓰는 경우 대개는 대두창바이러스를 의미하고, 여기서도 그렇게 하기로 한다. 참고로 천연두를 영어로는 'smallpox'라고 하는데, 15세기 영국에서 매독을 'great pox'라고 부르면서 이와 구분하기 위해 사용된 용어다. 바리올라*Variola*라는 속명은 6세기 동로마 제국 주교 마리우스가 이 병을 '반점'을 의미하는 'variola'라고 부르면서 생겼다.

천연두에 관한 가장 최초의 단서로는 기원전 12세기 이집트 파라오 람세스 5세 미라에서 발견된 천연두의 흔적을 들 수 있다. 기원후 165년경, 로마에서는 안토니스 역병 The Antonine Plague 이라는 질병이 퍼졌는데, 천연두일 가능성이 크다. 아마도 메소포타미아 지역에 파견되었던 로마 군인이 고향으로 돌아오면서 전파한 것으로 보인다. 이후 천연두는 북아프리카 지역과 유럽으로 퍼졌다. 동쪽도 예외가 아니어서 유라시아 대륙 동쪽 끝 한반도와 일본에까지 진출했다. 특히 유럽의 경우 16세기에 이르러 러시아를 제외한 전 지역에 천연두가 퍼졌고, 도시화가 진행되면서 유행 주기가 짧아졌다. 아스테카 왕국과 잉카 제국을 점령하겠다고 함선을 타고 대서양을 건넌 스페인의 무모한 콩키스타도르들이 천연두바이러스에 노출되어 있었으리라고 충분히 예상할 수 있다.

하지만 바이러스는 16세기 이전까지는 아직 아메리카 대륙에 상륙하지 않았었다(아프리카 내륙에는 19세기까지도 천연두가 없었다). 낯선

바이러스에 면역력이 전혀 없던 아메리카 대륙 선주민들은 황제부터 병사, 농민, 노예까지 무수히 쓰러졌고, 제국은 그 역사를 마무리할 수밖에 없었다. 이뿐만이 아니었다. 1789년 영국인들이 호주에 진출했을 때는 뉴사우스웨일스 지역의 선주민들이 단 한 달 만에 몰살되다시피 했다. 주범은 역시 천연두바이러스였다.

최근 영국 케임브리지 대학의 바버라 뮐레만^{Barbara Mühlemann}을 비롯한 국제 공동연구팀이 유럽 각지의 오래된 무덤들에서 천연두바이러스 DNA를 분리하여 분석했는데, 그 결과 천연두바이러스가 최소한 1,700년 전 바이킹 시대부터 사람을 감염시켰다는 사실이 밝혀졌다. 여기에 유라시아와 남아메리카에서 천연두로 사망한 사람들의 시체에서 추출한 거의 2,000개에 가까운 천연두바이러스 DNA를 추가로 분석한 결과, 아메리카 대륙의 수많은 사람을 몰살시킨 바이러스는 바이킹 시대와는 다른 계통의 것이라는 사실도 밝혀졌다. 어쩌면 바로 그 시기 무렵 새로이 분화되어 병독성이 강화된 바이러스였을 가능성이 크다.

콜럼버스의 교환, 또는 '사악한 선물'?

천연두바이러스, 즉 바이올라는 바이러스 중에서도 무척 큰 축에 속한다. 배율 좋은 광학현미경으로 볼 수 있을 정도다(물론 제대로 관찰하려면 전자현미경을 써야 하지만). 바이러스의 외피는 벽돌 모양이고, 내부에 유전물질로 이중나선 DNA를 갖는다. DNA에는 200개의 유전자가 있는데, 이 중 35개가량이 독성과 관련이 있다. 비교하자면, 코로나 19를 일으킨 바이러스 SARS-Cov-2는 RNA를 유전물질로 가지며, 30개 정도의 단백질을 만들어낸다.

천연두바이러스는 보통 공기 중 비말을 흡입했을 때 몸속으로 들어가 감염되지만, 환자와 직접 접촉하거나 옷, 침구와 같이 환자의 체액이 묻은 물체로도 전파된다. 체내로 들어간 바이러스는 입과 코의 점막 내에서 1주일 정도 잠복기로 지낸다. 그 외에도 기침이나 코의 점액으로 다른 사람을 감염시킬 수도 있다. 잠복기가 지난 바이러스는 림프절로 이동해 증식한 후 혈류를 타고 내부 장기를 침범한다. 1주일에서 2주일 정도 지나면 장기에서 폭발적으로 증식한 바이러스가 다시 혈류를 타고 쏟아져 나오면서 증상이 나타나기 시작한다. 고열, 두통, 오한, 메스꺼움, 근육통이 발생하고 경련을 일으키기도 한다. 그러다 며칠 지나면 얼굴을 포함한 온몸에 울긋불긋한 반점 같은 천연두 특유의 발진이 나타난다. 발진은 피부가 솟아나는 모양의 구진丘疹이 되었다가 점점 커지면서 물집이 잡힌다. 물집 안에 고름이 차면서 은색으로, 다시 노란색으로 변하고, 가려움과 통증이 온몸으로 퍼진다. 발진이 나타나면 단 며칠 만에 죽는 사람이 생긴다.

대두창바이러스에 의한 천연두 사망률은 보통 약 30퍼센트 정도로 추정되지만, 면역력이 떨어진 사람의 경우 90퍼센트 이상으로 치솟기도 한다. 살아남더라도 피부의 기름샘까지 깊이 손상되기 때문에 이른바 곰보 또는 마마 자국으로 불리는 흉터가 영구히 남는다. 천연두의 다른 이름, 두창의 창瘡이 '부스럼', '종기'라는 뜻으로, 천연두의 흉터에서 유래한다. 18세기 유럽의 초상화를 보면 얼굴의 한 부분에 검은 비단 조각을 오려 붙인 것을 볼 수 있는데, 마마 자국이 있는 부위를 가리기 위함이었다. 이후에는 이를 애교점처럼 보이도록 일부러 붙이는 유행이 생기기도 했다. 유럽의 초상화는 물론 조선 시대의 초상화에도 얽은 자국이 그대로 묘사되어 있다.

유럽의 정복자들이 콜럼버스의 교환 또는 '사악한 선물'로 아메리카 대륙에 옮겨놓은 미생물이 퍼뜨린 질병은 천연두만이 아니었다. 천연두의 뒤를 이어 1530년대에는 홍역과 장티푸스가(특히 장티푸스는 아스테카 왕국 지역에 퍼진 코코리츨리 cocoliztli 라는 질병의 원인으로 여겨지며 천연두에 버금가는 피해를 입힌 것으로 보인다), 1545년에는 티푸스가, 1550년대 말에는 인플루엔자가 유행했고, 이후에는 유행성이하선염(볼거리), 페스트, 말라리아, 결핵과 같은 질병이 아메리카 대륙으로 유입되었다. 천연두에서는 살아남았지만 이미 쇠약해진 아메리카 선주민들에게 이 질병들은 결정타였다. 제국주의 첨병들이 들여온 이 감염병들의 병원체 모두 아메리카 대륙에서는 낯선 것이었고, 유럽 제국주의자들과는 달리 선주민들은 이에 면역이 없었다.

그렇다면 반대로 아메리카 대륙에서 유럽으로 건너간 미생물은 없을까? 흔히 매독梅毒 균이 그 주인공으로 지목되곤 하지만, 매독의 기원은 당시부터 논쟁거리였고, 지금도 여전히 논란이 종식되지 않은 채다.

우리가 박멸한 바이러스가
생물무기로 되살아난다면?

1493년 콜럼버스의 첫 항해에 참가한 선원은 모두 90명이었다. 그런데 이 가운데 이름이 알려진 사람은 많지 않다. 그중 하나가 후안 데 모게르Juan de Moguer 인데, 그의 이름이 역사에 남은 이유는 그가 호색한이었기 때문이다(그만이 그런 것은 아니었지만). 그는 카리브해의 섬에 도착하고부터 오로지 현지의 선주민 여성들만을 쫓아다녔다. 스페인으로 돌아오고 나서 발열과 피부 발진이 나타났고, 두통에 이어 망상 현상까지 생겼다. 2년 후 그는 대동맥 파열로 사망했다.

보통 그를 아메리카 대륙에서 유럽으로 매독을 가져온 인물로 지목한다. 말하자면 '매독 0호 환자patient zero '인 셈이다. 물론 이 이야기는 야사野史 에 가깝다. 후안 데 모게르란 인물의 정체에 관해서도 정확한 자료를 찾을 수 없다. 하지만 콜럼버스의 항해 이후 유럽에서 매독이 유행한 것만은 분명해 보인다. 덧붙여 15세기 이전 아메리카에서 매독에 걸려 죽은 것으로 보이는 시신들이 발견되면서 '콜럼버스의 교환'에서 천연두 등의 맞상대로 매독이 지목되었다.

매독은 역사상 가장 남에게 미루고 싶어 했던 질병이기에, 그 기원을 늘 다른 나라에서 찾았다. 프랑스에서는 이탈리아 병, 이탈리아·독일·영국에서는 프랑스 병, 네덜란드에서는 스페인 병, 포르투갈에서는 카스티아 병, 러시아에서는 폴란드 병, 튀르키예에서는 기독교 병, 일본에서는 포르투갈 병 혹은 중국 병이라고 불렀다. 조선에서도 매독을 당창唐瘡 이나 왜색병倭色病, 양매창楊梅瘡 등으로 불렸는데, '당'은 중국, '왜'는 일본, '양'은 서양을 의미하는 말로, 이 꺼림칙한 질병에 싫어하는 나라나 지역 이름을 붙이는 관례를 우리도 그대로 따랐음을 짐작해볼 수 있다.

매독을 영어로는 'syphilis'라고 하는데, 이는 그리스 신화의 목동 이름 시필루스Sipylus에서 가져온 것이다. 시필루스는 목동들의 영웅으로 태양의 신 아폴론에게 도전했다가 벌을 받아 병에 걸린다. 이탈리아 의사이자 시인인 지롤라모 프라카스토로Girolamo Fracastoro는 1530년과 1546년 반복해서 당시 유럽 대륙에 유행하던 질병에 'syphilis'라는 명칭을 썼고, 이 이름이 그대로 받아들여지면서 오늘날까지 이어지고 있다. 참고로 프라카스토로 역시 매독 환자였다.

매독균은 왜
발견하기 힘들었을까?

매독은 주로 매독에 걸렸거나 매독균을 보균한 사람과의 성적 접촉으로 감염된다. 1527년 프랑스 의사 자크 드 베탕쿠르 Jacques de Béthencourt 는 매독이 성에 의한 감염이라는 사실을 강조하기 위해 이 질병을 '노르부스 베네레우스 norbus venereus '라고 칭했다. 이는 '베누스의 병 disease of Venus '이란 뜻으로, 성병 veneral disease 이란 병명이 여기서 유래했다. 베누스, 즉 비너스의 이름은 "베누스(비너스)와의 하룻밤, 수은과의 한평생 A Night with Venus, a Lifetime with Mercury "이라는 말에도 등장한다. 항생제가 등장하기 전까지 수은이 거의 유일한 매독 치료제였던 사정에서 비롯된 말이다. 하지만 수은은 매독을 치료하는 게 아니라 겨우 병의 진행만 늦췄을 뿐이다. 게다가 독성 때문에 질식이나 현기증, 정신착란 같은 부작용도 심했다. 특히 매독은 역사적으로 수많은 예술가와 정치가들이 걸려 고생한 질병으로 유명하다.

매독을 일으키는 세균은 **트레포네마 팔리둠** *Treponema pallidum* 이다. 트레포네마 팔리둠은 이 병의 중요성과 관심도에 비해 조금 늦게, 1905년에야 프리츠 샤우딘 Fritz Schaudinn 과 에리히 호프만 Erich Hoffmann 에 의해 밝혀졌다. 이 세균이 나선형균 spirochaeta 으로 매우 가늘고 작아 찾아내기 힘들었던 탓이다. 지금도 일반적인 광학현미경으로는 관찰하기가 쉽지 않다. 샤우딘은 광학현미경에서 반사경인 광원을 제거하고 컴컴한 상태에서 매독에 걸린 조직을 관찰한 결과 이 세균을 발견할 수 있었다. 샤우딘은 이 발견 바로 다음 해 서른다섯의 젊은 나이로 사망하고 말았다.

샤우딘은 매독균을 처음으로 찾아냈지만 배양하지는 못했다. 처음으로 매독균 배양에 성공한 인물은 일본의 노구치 히데요野口英世 다. 그는 록펠러의학연구소(현재의 록펠러 대학)에서 연구하던 1911년 매독균을 배양했고, 1913년에는 진행성 마비 환자의 뇌에서 매독균을 발견해서 그가 매독균에 감염되었다는 사실을 밝혀내기도 했다. 노구치 히데요는 1928년 서아프리카에서 (8장에서 이야기할) 황열병을 연구하다 감염되어 죽었는데, 이후 일본의 과학 영웅으로 떠받들여졌고 2004년에는 1,000엔 지폐의 인물로 채택되기도 했다. 2024년 새로 발행된 지폐부터 디프테리아Diphtheriae 항혈청을 연구하고, 알렉상드르 예르생 Alexandre Émile Yersin 과 페스트균 발견을 두고 경쟁한 미생물학자 기타자토 시바사부로北里柴三郎 로 교체되었다.

매독균은 길이가 6~20마이크로미터, 폭이 0.18마이크로미터이고, 파장의 길이는 1.1마이크로미터, 파고는 0.3마이크로미터로 일정한 모양의 나선형을 이루며 꼬여 있는 세균이다. 산소와 온도에 매우 민감하며, 대사 능력도 다른 세균에 비해 매우 떨어진다. 특히 스스로 에너지를 만들어내는 데 필요한 TCA 회로와 전자전달계가 없어 숙주세포에 대부분의 물질을 의존해야 하는 절대기생세균이다. 따라서 유전체의 크기도 매우 작다. 크기는 1,138킬로베이스[kb] 정도이고 유전자 개수도 1,000개 남짓으로, 대장균의 4분의 1 정도에 해당한다. 그런데 매독균은 숙주 조직을 파괴하는 특별한 독소를 만들지 않는다. 대신 염증 반응을 유도할 뿐이다. 감염되면 바로 혈류로 들어가 편모로 이동하면서 조직

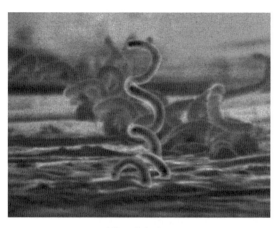

나선 모양의 매독균

으로 침투한다.

매독은 전염력이 매우 강한 질병으로 증상이 네 단계로 진행된다. 제1기에는 성기나 항문 주위에 피부 궤양이 생긴다. 이 궤양이 매화 열매와 유사해 '매독'이라는 명칭이 붙었다. 그런데 문제는 매독균에 감염되고 상당한 기간이 지난 후에야 증상이 나타난다는 점이다. 심지어 여성에게는 1기 매독 증세인 피부궤양이 잘 나타나지도 않는다. 그래서 다른 질병과 구분하기가 상당히 어렵다.

매독이 진행되어 제2기가 되면 매독균이 혈류로 전파되어 전신에 증세가 나타난다. 피부, 특히 손바닥과 발바닥에 발진이 생기고 발열, 인후통, 불쾌감, 체중 감소, 탈모, 두통과 같은 증상이 동반된다. 이때 목 주위에 멜라닌 색소가 나타나기도 하는데, 이를 '비너스의 목걸이 Necklace of Venus '(다시 비너스, 즉 베누스가 등장한다)라고도 했다.

2기 매독 이후에는 일정 기간 동안 임상 증세도 없고, 전염도 되지 않는 잠복기가 이어진다. 매독의 잠복기는 수년 동안 지속되기도 하는데, 증상이 없더라도 매독균이 몸속에 계속 남아 있는 상태이기 때문에 치료를 받지 않으면 15~40퍼센트가 3기 매독(또는 후발 매독)으로 진행된다. 3기 매독까지 이르면 매독균이 다양한 장기에 침투해 중추신경계를 비롯하여 눈, 심장, 대혈관, 간, 뼈, 관절 등과 같은 내부 장기를 손상한다. 볼테르Voltaire 가 《캉디드 Candide ou l'optimisme 》에서 묘사했듯이 "코끝은 문드러지고 입은 찢어"지는 몰골이 될 수 있다. 최종적으로 중추신경계까지 침범한 경우를 신경매독이라고 하는데, 이 단계가 되면 매독균이 뇌막을 자극하고, 뇌혈관에 증상이 나타난다. 매독은 보통 매독균에 대한 항체나 적혈구 응집반응을 이용한 FTA-ABS Fluorescent Treponemal Antibody Absorption 나 TPHA Treponema pallidum Hemagglutination assay 검사를 이용해 진단하지만, 신경매독이 의심되면 뇌척수액 검사까지 해야 감염 여부를 확인할 수 있다.

다른 사람에게 미루고 싶은 질병

매독이 정말로 아메리카 대륙에서 유래해 콜럼버스의 항해 이후 유럽으로 전파된 것인지에 관해서는 논란이 많다.

먼저 '그렇다'고 주장하는 의견을 알아보자. 우선은 정황상의 증거다. 앞서 얘기한 대로 콜럼버스가 아메리카 대륙에서 돌아온 직후 이 질병이 유럽에서 나타났다고 보는 것이다. 이와 관련해서는 당시 두 명의 스페인 의사가 기록을 남기기도 했다. 1495년 샤를 8세의 이탈리아 침공 이후에 프랑스에 매독이 더 번진 사실은 앞의 추정을 그럴듯하게 만들었다. 콜럼버스가 항해를 시작한 것이 1492년이므로, 시기적으로 봤을 때 항해 이후 매독이 전파되었다고 보는 시각이다. 또한 콜럼버스 항해 이전에 아메리카 대륙에 매독이 만연했었다는 증거도 있다. 오하이오·뉴멕시코·페루 등 아메리카 대륙 곳곳에 매독 병변이 분명한 오래된 유골이 발견된 것이다.

2011년 미국 에모리 대학과 미시시피 주립대학 소속 연구진이 발표한 논문은 이런 '신대륙 기원설'을 뒷받침한다. 이들의 논문 이전에 유럽에서 발견된 50개의 유골에서 만성 매독 병변이 나타났다는 연구가 발표된 바 있었다. 이 유골들은 콜럼버스 항해 이전 것들로, 매독이 이미 유럽에 존재했으며 아메리카에서 옮겨 온 질병이 아니라는 주장이 제기되었었다. 그런데 이 논문의 자료를 다시 면밀하게 조사한 에모리 대학의 조지 아멜라고스George Armelagos 와 미시시피 주립대학의 몰리 주커만Molly Zuckerman 이 이전 논문에 포함된 유골의 병변이 두개골 우식증이나 긴뼈의 우식, 붓기 같은 만성 매독의 표준 진단 기준 중 어느 것도 만족하지 못한다고 주장했다. 해안지대에서 발견된 유골 14개에서는 매독의 기준에 해당하는 사례가 확인되긴 했다. 하지만 이들의 경우 살아 있을 때 해산물을 많이 먹은 탓에 유골의 방사성탄소 연대 측정이 실제보다 오래된 것으로 나타났을 것으로 봤다. 깊은 바닷물에서 나오는 오래된 탄소가 그들이 먹은 해산물에 포함되었을 거라는 말이다. 그들은 1492년 이전 유럽에 매독이 존재했다는 확실한 증거는 없다면서, "1492년에 유럽에서 아메리카 원주민의 목숨을 앗아간 여러 질병이 전염되었고, 아메리카 원주민에서 유럽으로도 질병이 전염되었다"라고 했다.

그러나 최근 이와 반대되는 주장이 강력하게 제기되었다. 2020년 베레나 슈네만Verena Schüenemann 등이 이끄는 스위스와 독일 등의 연구진은 중세시대 유럽인 아홉 명의 유해에서 병원체의 DNA 추출을 시도했고, 네 개의 샘플에서 트레포네마 속의 DNA를 복구하는 데 성공해 염기서열을 분석했다. 그들은 매독균, 즉 트레포네마 팔리둠뿐만 아니라 오늘날 열대지방에서만 발견되는 매종yaws 과 지금까지 발견되지 않았던 팔리둠 퍼텐T. pallidum subspecies pertenue 까지 확인했다. 즉, 당시 유럽에 많은 계통의 트레포네마가 존재했고, 콜럼버스가 아메리카 대륙을 다녀오기 전에 이미 유럽에 매독이 존재했다는 DNA 증거였다.

이 연구팀은 2024년에는 브라질의 한 매장지에서 발굴된 2,000년 전의 유골에서 매독 감염의 증거를 확인했다. 그런데 여기서 추출한 네 개의 세균 DNA가 동부 지중해와 사하라사막 서쪽 아프리카 지역에 널리 퍼진 비非성적 매개 질환을 유발하는 트레포네마 팔리둠의 DNA와 매우 유사했다. 이는 곧 매독균이 생각했던 것보다 훨씬 오래전부터, 더 넓은 지역에 퍼져 있었다는 뜻이었다. 이들의 연구는 매독균이 상당히 복잡한 경로를 거쳐서 진화하고 전파되어 왔음을 의미한다. 그들은 트레포네마 팔리둠이 유라시아나 아프리카에서 유래했고, 빙하기 때 베링해협을 거쳐 아메리카 대륙으로 들어온 초기 이주민 일부에 의해 아메리카 대륙으로 도입되었다고 보았다. 물론 콜럼버스 이전에 유럽에 매독이 널리 퍼져 있었고 말이다.

매독이 언제 어디서 기원했는지는 여전히 논쟁 중이고, 확실한 결론이 나지 않았다(물론 이것도 '유럽의' 매독에 한정된 얘기지만). 그런데 왜 유독 매독이 논란거리가 될까? 콜럼버스 이후 스페인을 비롯한 유럽인들이 아메리카 대륙에 치명적인 질병을 전파해 선주민 대부분을 몰살시킨 것은 확실한 사실이다. 그래서 그 반대, 그러니까 아메리카 대륙에서 유럽으로 건너와 유럽인을 괴롭힌 질병도 있어야 한다고 생각한 것은 아닐까?(우리만 잘못한 것은 아니라는 항변, 내지는 위안으로 말이다)

그렇지만 실제로 그것이 사실이라 하더라도 충분한 항변이나 위안이 되지는 못할 것이다. 이 장 서두에서 소개한 '콜럼버스의 교환'이라는 용어를 처음 쓴 앨프리드 크로스비도 압도적으로 비대칭적인 영향을 기계적으로 맞추려는 듯 매독이 유럽에 끼친 영향을 과도하게 강조했지만, 애당초 사람과 병원체는 유럽에서 아메리카 대륙 쪽으로 이동했지, 그 반대는 아니었다. 파괴력도 상대가 되지 않았다. 한 대륙은 거의 몰살당했고, 다른 쪽은 목숨보다 창피함을 더 걱정했으니 그만하면 애교 수준이었다. 명백히 불균등한 교환이었다.

또 한 가지를 언급하면서 이 장을 맺는다. 아메리카 대륙의 선주민들이 전혀 면역되어 있지 않은 바이러스에 노출되면서 거의 몰살에 가까운 피해를 입었다고 했는데, 이러한 역사는 현재 천연두바이러스가 생물무기로서 인류에게 재앙에 가까운 피해를 입힐 가능성을 제기한다. 공식적으로 천연두바이러스는 미국과 러시아 단 두 곳에만 보관되어 있는데, 이것마저도 폐기해야 한다는 다른 국가들의 주장에 두 나라는 아직은 그럴 때가 아니고, 연구용으로라도 필요하다는 주장으로 여전히 바이러스를 보관 중이다. 물론 다른 나라나 특정 세력이 몰래 보관하고 있을 수도 있지만, 더욱 큰 문제는 모든 염기서열이 알려진 천연두바이러스의 유전체를 인위적으로 합성할 수 있다는 점이다. 말하자면 천연두바이러스를 부활시킬 수도 있다는 얘기다. 수천 년 동안 인류를 괴롭혀온 질병을 박멸로 이끈 바로 그 지식과 기술로 말이다. 이때 인류의 운명과 역사가 어떻게 바뀔지는 모르는 일이다. 당혹스럽고 역설적인 일이 아닐 수 없다.

사람마다 시대마다,
결핵은 왜 잠복기가 다를까?

산업혁명과 결핵균

"널 보러 왔어, 헬렌. 네가 매우 아프다는 소리를 들었어. 너하고 이야기를 나누기 전에는 잠을 잘 수가 없었어."

"그럼 나한테 작별 인사를 하러 온 거구나. 아마도 제시간에 딱 맞춰 온 것 같아."

"어디 가는 거야, 헬렌? 집에 가는 거야?"

"응. 오래 지낼 집, 내 마지막 집으로."

"안 돼, 안 돼, 헬렌!" 나는 슬퍼서 말을 멈췄다. 내가 눈물을 삼키려고 애쓰는 동안 헬렌에게 기침 발작이 일어났다.[6]

샬럿 브론테 Charlotte Bronte, 《제인 에어 Jane Eyre》 중에서

결핵은 어떻게
'자본의 필수 조건'이 되었나?

어릴 적 크리스마스가 다가오면 어김없이 종례시간에 담임 선생님이 다음 날까지 크리스마스씰 값을 가져오라고 하셨다. 할당량을 일정하게 정해주었는지, 아니면 각자 알아서 구입 개수를 정했는지는 기억이 흐리다. 다음 날 조회 시간이면 각자 얼마씩을 내고 크리스마스씰을 몇 장 받아 갔다. 우표 비슷한, 그러나 그것만 부치면 안 되는……. 당시에는 왜 필요한지도, 어떻게 쓰는 건지도 잘 몰랐다. 실제로 어디에 써본 기억도 없다. 결핵 Tuberculosis (줄여서 흔히 TB라고 쓴다) 퇴치 기금을 마련하려는 목적이었다는 사실을 안 건 언제였을까?* 내가 사는 시골 동네에서

---

* 크리스마스씰은 1904년 12월 10일 덴마크 코펜하겐의 우체국 직원이었던 아이날 홀벨 Einar Hollbelle 의 제안으로 결핵 퇴치 기금 마련을 위해 처음 발행되었다. 우리나라에서는 의사이자 선교사였던 셔우드 홀 Sherwood Hall 이 1932년 도입했다. 그는 역시 선교사였던 어머니 로제타의 수양딸이자 우리나라 최초의 여의사인 박에스더가 결핵으로 죽은 후 결핵 퇴치에 나섰다. 우리나라 최초의 결핵 전문병원을 세운 이도 셔우드 홀이다.

사람마다 시대마다, 결핵은 왜 잠복기가 다를까?

결핵 환자를 본 기억은 없다. 결핵이라는 질병을 그저 말로라도 처음 인식한 것은 그래도 크리스마스씰 덕분이었다.

결핵은 많은 문학 작품에 등장하는데, 역사에서 결핵을 찾아보기란 좀체 쉽지 않다. 그건 이 질병에 대한 사람들의 인식 때문이기도 했고, 질병의 속성 때문이기도 했다. 그렇지만 결핵은 분명 인간 역사와 함께 존재해왔다. 역사에 쉽지 않은 질문을 던져왔으며, 우리는 아직도 그 답을 찾고 있다.

역사는 길었으나, 대규모 발생은 없었다

과거 유럽에서는 결핵을 'White Death', 즉 백사병이라 불렀다. 14세기 흑사병에 빗댄 말이다. '하얀 페스트', 그게 결핵의 별명이었다. 그만큼 많은 사람의 목숨을 앗아갔고, 그 정도로 무섭게 여겼다. 19세기 유럽 사망자 7분의 1이 결핵 때문에 죽었다는 통계도 있다.

결핵은 결핵균으로 알려진 **미코박테리움 투베르쿨로시스** *Mycobacterium tuberculosis* 에 의한 감염질환이다. 신석기시대 유골에서 결핵의 증거가 거듭 발견되면서 오래전에 동물에서 인간으로 옮겨온 질병이라는 게 확실해지고 있다. 오래전부터 사람이 어느 정도 모여 산 곳에서는 거의 결핵의 흔적을 찾을 수 있다.

5,000년 전 이집트 미라에서 결핵에 걸렸을 때 나타나는 전형적인 골격 기형이 관찰되었고, 초기 이집트 미술에 결핵에 걸린 것으로 보

이는 모습이 그려져 있기도 하다. 3,300년 전 인도와 2,300년 전 중국의 기록에서도 결핵으로 추정되는 질병이 발견되었으며, 일본에서 발굴된 약 2,000년 전 유골에서도 결핵의 흔적이 확인된다. 《성경》에도 결핵을 의미하는 고대 히브리어 단어 '샤체페트 schachepheth'가 나온다. 남아메리카 안데스 지역에서 발굴된 기원후 290년경으로 추정되는 미라에도 초기 결핵에 관한 고고학적인 증거가 남아 있는데, 이는 곧 유럽의 정복자들이 남아메리카에 밀려오기 전부터 결핵이 이미 그곳에 존재했음을 의미한다.

히포크라테스는 결핵을 의미하는 '프티시스 phtisis'가 젊은 성인들에게 치명적인 질병이라고 언급했는데, 그가 묘사한 증상과 병변이 거의 정확한 것을 보면 고대 그리스에서도 결핵이 매우 중요한 질병으로 취급되었던 것으로 보인다. 기원후 2세기경 로마 황제의 주치의로 오랫동안 서양 의학계를 지배한 갈레노스 Galenos 역시 결핵 증상을 상세하게 기술했다. 고대부터 중세를 거쳐 근대, 그리고 지금까지 결핵은 오랫동안 인류를 끈질기게 괴롭혔다.

결핵은 수천 년 동안 인간 역사에 등장했지만 대규모 발생을 찾아보기는 힘들었다. 대체로 소규모로 발생했고, 한꺼번에 널리 퍼져가는 양상은 찾아볼 수 없었다. 그러다가 18~19세기에 들어 인간사회에 결핵이 폭증했는데, 이는 산업화와 밀접한 연관이 있다.

"자본의 필수 조건"이 된
하얀 페스트

산업혁명은 인류에게는 물론 지구에도 어마어마한 변화였다. 영국에서 방적기 개량을 시작으로 기술혁명이 일어난 후, 수공업에 기초한 소규모 생산이 기계설비를 갖춘 대규모 생산으로 전환되었다. 증기기관의 발명으로 석탄과 같은 화석연료를 에너지원으로 본격적으로 사용했고 동력 수단의 효율이 급속도로 증가했다. 철강과 같은 재료를 활용하면서 선박들이 대형화되었고, 철도 보급이 손쉬워졌다. 방적기와 방직기 같은 새로운 기계가 발명되었고, 자본주의적 분업 체계가 발전하면서 노동 효율이 증가했다. 이러한 변화가 거의 비슷한 시기에 분출하면서 경제와 사회 전반에 미치는 영향이 시너지를 이뤘다. 현대의 물질적 부의 근원이 이때 마련되었다고 할 수 있으며, 이 시기를 '혁명'이라 칭하는 데 이의가 없다.

그러나 급속한 산업화로 여러 분야에서 문제가 발생했다. 여러 문제 가운데서도 질병과 관련한 부분만 떼어놓고 본다면 도시화와 열악한 노동 조건에 주목할 수밖에 없다. 산업이 호황을 누리며 공업과 상업의 중심지로 도시가 빠르게 성장했다. 인클로저enclosure 운동은 농촌의 인력이 도시로 쏟아져 들어오게 했다. 아무런 생산 기반을 갖지 못한 사람들은 공장의 노동자가 될 수밖에 없었다. 부족함 없이 공급되는 인력으로 노동력 착취 기반이 마련되었고, 노동자들은 가혹한 노동 환경에 시달려야 했다.

공장 시설은 열악했다. 노동자들은 환기도 되지 않는 빽빽한 공간에서 고된 노동에 내몰렸다. 석탄 광산은 더욱 심했다. 바람도 통하지 않는 갱도에서 수많은 광산 노동자가 어깨가 맞닿을 정도로 비좁게 석탄 분진을 들이마시며 일했다. 당시 공장과 탄광 노동자들의 노동 시간은 하루 12시간 이상이었고, 때에 따라서는 16시간이나 일을 하는 경우도 허다했다.

주거 시설도 형편없었다. 다닥다닥 붙은 공동주택에서 살아가는 노동자들과 도시 빈민들은 개인위생에 신경 쓸 겨를조차 없었다. 불결하고 비좁은 환경에서의 장시간 노동과 영양부족으로 이어진 빈곤은 질병에 저항성을 떨어뜨렸다. 많은 질병이 창궐하며 도시 노동자들을 위협했지만, 그중에서도 폐질환을 일으키는 결핵이 두드러졌다. 좁고 꽉 막힌 공간에서 생기는 먼지와 분진에 섞여 비말로 떠돌아다니는 결핵균은 쉬지도 못하고 면역력도 떨어진 노동자들의 폐를 인정사정없이 공격했다. 마르크스 Karl Marx 와 엥겔스 Friedrich Engels 가 결핵을 '자본의 필수 조건'이라고 했을 정도였다. 잉글랜드와 웨일스에서는 1851년부터 1910년까지 약 400만 명이 결핵으로 죽었으니 '하얀 페스트'라는 별명이 납득간다. 예일 대학교 의학사 교수 프랭크 M. 스노든 Frank M. Snowden 은 영국과 프랑스를 비롯한 서유럽과 산업화가 진행되고 있던 미국과 같은 국가 인구의 90퍼센트 이상이 결핵균에 감염되었을 가능성을 제시하기도 했다.

산업화와 결핵 사이의 연관성은 각국의 산업화가 이뤄진 시기와 결핵 발생 빈도를 비교해보면 보다 확실해진다. 최초로 산업혁명이 일

19세기 영국에서 4페니만 주면 하룻밤을 묵을 수 있던 관 침대

어난 영국에서는 1700년대 말에서 1830년대 사이 결핵 발생이 정점을 찍었는데, 프랑스나 독일, 이탈리아처럼 영국보다 늦게 산업화에 뛰어든 국가에서는 이보다 조금 늦게 결핵이 폭증했다. 특히 이탈리아에서는 밀라노와 토리노 등 북부 산업도시에서 맹렬히 번진 데 반해, 농업 위주의 남부 지역에서는 발생 빈도가 훨씬 적었다. 결핵의 폭증은 분명 산업화의 결과, 또는 어깨를 걸고 일어난 일이었다.

영국에서 결핵 환자와 결핵으로 인한 사망자 수는 19세기 중반 이후에야 감소했다. 노동자 계급의 수입이 어느 정도 늘어나 영양 상태가 좋아지고, 노동 조건을 개선해야 한다는 인식이 늘어나고, 도시의 상하수도 시설이 어느 정도 정비되면서 위생 상황이 나아졌기 때문이다. 서구의 다른 산업화 국가들의 경우 결핵의 폭증도 영국보다 늦었지만, 감소 추세도 영국을 뒤따랐다.

서서히 죽어가는,
낭만적 질병에서 불쾌한 질병으로

결핵은 이전 시대에 유행한 콜레라나 장티푸스처럼 아무나 걸리는 질병 같아 보이지 않았다. 천연두처럼 고름이 나는 농포가 생기지도 않았고 콜레라처럼 장에 통제력을 잃어 폭포수 같은 설사가 나오지도 않았다. 그래서 결핵은 그 치명성에도 불구하고 역설적으로 오랫동안 낭만적 질병으로 여겨졌다. 18세기 중반까지도 그랬다. 결핵이 여성미를 극대화한다든가, 창조성의 원천이라고 여기기도 했다. 공장 노동자들에게 집단으로 발병하기 전까지는 부유층에서 주로 생기는 유전적 질환으로 여겨지면서 일부러 결핵에 걸린 것처럼 꾸미는 여성들도 있었다.

눈꺼풀에 벨라도나를 살짝 바르면 눈동자가 커 보여 미의 상징인 결핵 환자의 큰 눈처럼 보이고, 말오줌나무 열매액을 살짝 눈꺼풀에 비벼 눈꺼풀이 어둡게 보이면 눈에 시선도 집중되고 눈도 교묘하게 커 보이는 효과가 있다고도 했다. 한편, 쌀가루로 만든 분은 이미 살펴봤듯이 피부색을 투명하고 창백하게 할 수 있었고, 입술에 붉은색을 얇게 펴 바르면 얼굴에 홍조를 띤 열병 효과를 재현할 수 있는 한편, 뺨도 창백한 것처럼 강조할 수 있었다.[7]

프랭크 M. 스노든, 《감염병과 사회》 중에서

결핵으로 쓰러져 죽은 예술가들도 많았다. 소설가 혹은 시인으로는 존 키츠, 안톤 체호프, 프리드리히 실러, 브론테 자매, 오노레 드 발자크, 표도르 도스토옙스키, 퍼시 비시 셸리, 음악가로는 프레데리크 쇼팽, 니콜로 파가니니, 화가로는 외젠 들라크루아 등이 있었다. 임마누엘 칸트, 바뤼흐 스피노자와 같은 철학자들도 결핵으로 죽었다.

결핵을 창조적인 지식인과 예술가가 걸리는 낭만적이고 매혹적인 질병으로 여길 만했다. 결핵은 갑자기 출현하여 도시를 황폐화하는 극적인 상황을 연출하지 않는다. 어느 순간 갑작스레 사라지지도 않는다. 병의 진행 속도도 느리고, 사망률이 갑자기 치솟지도 않는다. 갑작스러운 외부 침입과 연관시킬 만한 요소도 없어서 대중에게 공포를 불러일으키지도 않았다. 개인의 운명이라고 여기는 경우가 많았기 때문에 질병을 거의 대비하지도 않았다. 그러는 가운데에도 결핵은 사회에 적지 않은 영향을 미쳤지만, 어느 누구도 깨닫지 못했다. 심지어 결핵에 따른 죽음을 '아름다운' 죽음이라 여기는 경우도 있었다. 당시의 문학작품들이 결핵이나 결핵에 걸린 환자를 아름답게 그린 것은 당연했다. 영국의 낭만주의 시인 조지 바이런 George Gordon Byron 은 "나는 폐병(즉, 결핵)에 걸려 죽고 싶다"라고 공공연히 얘기하고 다닐 정도였다.

18세기 중반 이후 산업화로 불결해진 환경에서 살아가는 도시 노동자들 사이에 결핵이 폭증하고, 더불어 결핵이 감염성 질환이라는 사실이 명백해지면서 인식이 바뀌었다. 실은 낭만적인 질병이라고 여겨지던 시절부터 시인이나 음악가보다 노동자나 세탁부들이 결핵에 더 많이 걸렸다. 이들의 질병이 주목받지 못했을 뿐. 질병의 실상을 파악하고 나자 결핵은 가난하고 불결한 사람이 걸리는 몹시도 불쾌한 질병, 낙인 찍기 좋은 질병이 되어버렸다.

마이콜산, 병의 진행 속도를 늦추다

결핵을 바라보는 태도가 180도 바뀌었다. 공공장소에서 기침을 참지 못하고 쿨럭거리는 사람을 배척했고, 계속 기침해대는 사람을 위험한 인물, 심지어는 비애국적인 인물로 보았다. 결핵 환자는 방을 얻는 일도, 구직활동도, 보험 가입도 쉽지 않았다. 우표에 침을 발라 붙이다가도 섬뜩했으며, 도서관에서 책을 빌리다가도 이전 대출자가 책갈피 어딘가에 결핵균을 옮겨놓지는 않았는지 머뭇거렸다.

결핵이 한꺼번에 도시를 황폐화시키거나 폭발적으로 불쾌한 증상을 내보이지 않는 이유는 결핵균의 생장 특성과 병을 일으키는 메커니즘 때문이다. 결핵균은 막대 모양으로 생겼고, 산소가 있는 곳에서 잘 자라는 호기성 세균이다. 편모 같은 것이 없어 운동 능력이 없고, 포자도 형성하지 않는다. 이 세균과 함께 미코박테리움*Mycobacterium* 속에 속하는 세균의 가장 특징적인 구조는 세포벽에 존재하는 마이콜산mycolic acid 이다. 이 지방산은 강한 소수성을 띠고, 밀랍과 같은 특성을 갖는다. 미코박테리움은 분류학적으로는 그람-음성균에 속하지만, 그람 염색을 하면 마이콜산 때문에 염색물질이 세포막으로 잘 스며들지 않는다. 그래서 염색이 잘되지 않아 다른 세균들과 구분하기가 힘들다. 그래서 석탄산 푹신carbol fuchsin 을 사용한 항산성 염색acid-fast stain 또는 질-닐슨 염색Ziehl-Neelsen stain 방식으로 염색을 해서 관찰한다. 간단히 말하면 산이나 열로 세포벽을 부드럽게 만들어 염색약이 잘 스미도록 하는 방법이다. 이 방법을 사용하면 미코박테리움은 붉은색으로 염색되어 다른 세균과 구분된다. 그래서 결핵균을 비롯한 미코박테리움 속의 세균을 항산성균acid fast bacteria 이라 부르기도 한다.

결핵균은 매우 느리게 자라는 세균으로 유명하다. 16~24시간마다 한 번 분열하는데, 20~30분에 한 번 분열하는 대장균과 비교해보면 얼마나 느린지 가늠할 수 있다. 세균을 배양하는 배지에서 작은 콜로니colony 하나를 관찰하는 데만 거의 한 달이 걸리기도 한다.

결핵균이 이처럼 느림보 세균인 이유도 앞서 말한 마이콜산 때문이다. 마이콜산은 세균 건조 질량의 50퍼센트에 이를 만큼 두꺼운 층을 이룬다. 이것 때문에 영양분이 잘 흡수되지 않아 세균의 생장이 느려지기도 하고, 숙주의 대식세포가 내뿜는 분해효소에도 저항성을 갖는다. 마이콜산 층 안쪽에는 아라비노갈락탄arabinogalactan 이라는 당류가 층을 이루고, 또 그 안쪽에는 모든 세균의 세포벽 성분인 펩티도글리칸peptidoglycan이 존재한다. 이 세 구조가 서로 공유결합을 하여 mAGP mycolyl-arabinogalactan-peptidoglycan 복합체를 형성하는데, 이 복합체가 숙주세포 내에서 결핵균이 생존하는 데 필수적인 역할을 한다. 결핵균에는 세포막에 고정되어 세포벽 쪽으로 향해 있거나 세포벽 바깥으로 나와 있는 다양한 당지질이 있는데, 이것들이 대식세포와 덩어리져 육아종granuloma을 형성한다. 이 육아종이 결핵의 병인에 중요한 요소다. 여기서는 결핵균의 생장이 느린 만큼 결핵의 증상도 더디게 나타난다는 점을 설명하고자 한 것이므로, 왜 육아종이 중요한지에 관해서는 뒤에서 마저 설명하기로 한다.

결핵균은 서서히 몸속의 영양분을 탕진시키면서 조직과 장기를 파괴하고 온몸의 기력을 소모시킨다. 조직이 심하게 손상되면 가래에 피가 섞여 나오기도 하는데, 이를 객혈 혹은 각혈이라고 한다. 소설이나 영화를 보면 결핵에 걸린 사람이 손수건에 피를 토하는 장면이 묘사되곤 했는데, 대부분의 결핵 환자는 가래에 피가 조금 섞여 나오는 정도였고, 피를 토하는 것은 매우 중증으로 진전된 경우였다. 이렇듯 느리게 자라면서 증상도 더디고, 애처로움을 자아내는 특성 때문에 결핵은 한동안 낭만적 질병으로 받아들여졌고, 실체가 드러난 이후 오히려 더욱 꺼리는 질병과 미생물이 되었다.

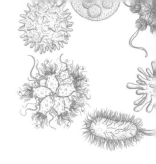

잠복기의 균형을 깨뜨리고
인간이 불러낸 질병

결핵균은 내독소나 외독소를 갖지 않는다. 그래서 이 세균에 감염되었을 때 질병으로 진행될지 여부는 세균의 생장과 면역반응 사이의 균형에 따라 정해진다. 결핵균에 감염되었다고 해서 모두가 결핵 증상을 보이는 것은 아니며, 감염된 사람 중 5~10퍼센트에만 발병하는 것으로 알려져 있다. 바로 발병하지 않는 것은 인체의 세포성 면역반응 덕분이다.

사람의 몸속으로 침입한 결핵균이 폐포에 도달하면 대식세포가 활성화되어 세균을 잡아먹는다. 이를 식균작용phagocytosis 이라고 하는데, 다른 세균 같으면 대식세포가 여러 화학물질을 투입하면서 병원균을 파괴하는 과정으로 이어지겠지만 결핵균은 종종 완전히 파괴되지 않고 멀쩡한 상태로 남는다. 앞서 얘기한 마이콜산이 결합한 mGAP 복합체가 포식소체와 리소좀lysosome 의 융합*을 막고 숙주의 면역반응을 전복시키면서 결핵균이 대식세포 내에서 생존할 수 있도록 돕기 때문이다. 이 밖에도 카탈라아제-페록시다아제 Catalase-Peroxidase, katG 유전자는 대식세포의 산화작용에 대해 보호 역할을 하는 카탈레이스catalase를 만들어 세균의 생존에 기여한다.

대식세포의 활동으로도 완전히 파괴되지 않은 결핵균은 대식세포 안에서 단지 격리 상태로 지내면서 가만히 있거나 아주 천천히 증식한다. 이런 경우를 무증상, 혹은 잠복감염이라고 한다. 현재 결핵 치료에서 가장 중요한 도전 중 하나가 바로 이렇게 육아종 내부에서 끈질기게 살아남아 있는 결핵균을 표적 삼아 없애는 것이기도 하다.

결핵균과 대식세포를 비롯한 면역세포 사이에 싸움이 계속되면 그 위치에 좁쌀 크기의 작은 혹, 즉 '결절 結節, nodule'이 생긴다. '결핵'이라는 병명이 바로 이런 결절이 생기는 데서 유래한 것이다.** 할 일을 끝낸, 혹은 끝내 임무를 완수하지 못한 대식세포가 죽으면 병터가 생기는데, 병이 진행되지 않으면 이 병터가 석회화된다. 그래서 엑스선으로 병터가 석회화되어 있는지를 확인하는 방식으로 결핵을 진단한다.

그러나 이런 상황에서도 결핵균은 죽은 상태가 아니다. 결핵균이 잠복해 있던 육아종의 중심 부위가 부드러워지면 빈 부분이 생기면서 세균이 되살아나고 활동성 결핵으로 발전한다. 이러한 변화는 결핵균의

---

* 일반적으로 세균을 가둔 포식소체는 리소좀과 융합하는데, 이때 리소좀에서 여러 분해효소가 분비되면서 세균을 공격한다.

** 결핵은 환자들의 몸을 갉아먹는다는 의미로 '소모병 consumption, wasting disease'이라고도 불렸고, 목의 림프절이 붓는 증상 때문에 '연주창 scroful'이라고도 했다. 척추결핵의 경우는 '포트병 Pott disease'이라고 했다. 중세 이후 서구에서는 왕의 손길이 닿으면 치료된다는 믿음 때문에 '왕의 악 King's evil'이라고도 불렸다.

복제를 제한하던 숙주의 면역반응의 효과가 떨어지면서 벌어진다. 이렇 듯 결핵은 오랫동안 잠복감염 상태로 있다 면역력이 떨어지면 발병한 다. 몇 년이 지난 후에도 발병하며, 심지어 감염된 지 50년이 지나서야 증세가 나타나기도 한다.

결핵 재활성화의 원인으로는 영양실조, 면역억제 약물, 화학요법, 조절되지 않는 당뇨병, 패혈증, 약물중독, 알코올의존증, 만성신부전, 흡 연, 악성 종양과 HIV 감염 등이 있다. 다시 살아난 결핵균은 폐 전체로 퍼지고, 모세혈관으로 가는 길을 찾아 다른 기관뿐만 아니라 다른 사람 을 전염할 길을 닦는다.

코흐의 세균 배양 기술과
'세계 결핵의 날'

결핵은 오랫동안 유전질환인지 감염질환인지조차 정확히 파악되 지 못했다. 1865년이 되어서야 프랑스 군의관인 장 앙투안 빌맹 Jean-Antoine Villemin 에 의해 감염질환이라는 사실이 밝혀졌다. 그는 토끼를 결 핵 환자의 가래에 노출했고 그 결과 토끼가 결핵에 걸리자 이를 감염에 따른 질병이라고 결론지었다. 물론 느림보 세균이니만큼 즉시 병에 걸 리진 않았고, 3개월 후에야 토끼에게서 결핵 병변이 나타났다. 그러나 빌맹은 원인 병원체가 무엇인지는 밝혀내지 못했다. 이후 결핵의 병원 체를 규명한 이는 독일의 세균학자 로베르트 코흐 Robert Koch 다.

폴란드 국경 시골 마을의 의사였던 코흐는 1876년 탄저병 anthrax

이 세균(탄저균 *Bacillus anthracis*)에 의한 질병이라고 발표하며 최초로 특정 질병이 세균에 의해 발생한다는 사실을 밝혀냈다. 이후 베를린 국립위생국의 연구원이 된 코흐는 제자들과 함께 세균 배양 기술을 발전시켰다. 한천寒天을 이용한 고체배지*를 개발했고(이는 발터 헤세 Walther Hesse 라는 연구원의 아내가 낸 아이디어였다), 뚜껑을 덮는 접시인 페트리 접시를 고안했다(명칭 그대로 역시 코흐의 연구원이었던 율리우스 페트리 Julius Petri 의 아이디어였다). 그 밖에도 여러 세균 배양 기술을 개발한 코흐의 연구팀은 1882년 드디어 결핵의 원인균을 찾아내고 배양에 성공한다. 코흐가 이 결과를 발표한 3월 24일은 '세계 결핵의 날'이 되었다.

코흐는 여러 괄목할 만한 업적에 비추어서는 뒤늦게 1905년에서야 노벨상을 받았는데, 그때 노벨상위원회가 내세운 대표적인 업적이 바로 결핵균 발견이었다. 코흐의 결핵균 발견 논문은 그 자체로도 미생물학과 감염학에 커다란 영향을 끼쳤다. 어떤 병원체가 특정 질병의 원인임을 증명하는 데 필요한 절차와 원리를 천명한 '코흐의 4원칙 Koch's 4 postulates '때문이다.

코흐의 4원칙은 다음과 같다. 첫째, 특정 질병을 앓는 모든 환자나 동물에서 병원균이 관찰되어야 한다. 둘째, 검출된 병원균을 순수 분리하여 배양할 수 있어야 하며, 셋째, 순수 분리한 병원균을 건강한 동물에 감염시켰을 때 동일한 질병에 걸려야 한다. 마지막으로, 새롭게 질병에 걸린 동물에서 원래와 똑같은 병원균이 분리되어야 한다. 그러니까 코

---

* 액체로 된 배지에 한천, 즉 우뭇가사리를 첨가한 것으로, 세균을 배양하는 데 주로 사용된다.

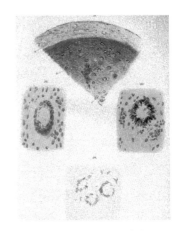

로베르트 코흐(좌)와 그가 1882년에 발표한 논문에 실린 결핵균 그림(우)

흐의 4원칙은 일련의 연구 방법과 절차, 규정 등을 안내하는 셈이다. 세
균학은 이를 이론적 바탕과 실험적 근거로 삼아 비약적인 발전을 했다.

코흐는 결핵균 발견 이후 1890년 결핵 백신을 개발했다고 발표
했다. 결핵 항원으로 결핵에 특효약이라 선전했지만, 일부 피부결핵
에 효과가 있을 뿐이었다. 오히려 접종받은 많은 사람이 심각한 알레르
기 반응을 일으키기까지 하면서 체면을 구겼다. 코흐가 발표한 결핵 백
신은 결핵 치료나 예방 측면에서는 효과가 없었지만, 다른 면에서는 확
실한 가치가 있었다. 바로 지금까지도 결핵 진단에 쓰이는 투베르쿨린
tuberculin 이다.

환경도 세균도 결국 인간의 몫

결핵균은 오랫동안 소결핵균 *Mycobacterium bovis* 에서 진화한 것으로 여겨졌다. 약 300만 년 전 아프리카에서 초기 호미니드 Hominid 가 결핵균의 조상 격인 세균에 감염되었고, 약 1만 5,000년 전에서 2만 년 전 사이에 현대 결핵균이 출현한 것으로 추정했다.

그런데 2002년 파스퇴르 연구소의 콜 S.T. Cole 이 주도한 연구로 기존 가설이 무너졌다. 미코박테리움 투베르쿨로시스와 가까운 여러 미코박테리움 속의 종에 속하는 많은 균주를 수집해서 유전자를 조사한 결과 사람의 결핵균이 소결핵균이 나타나기 훨씬 전에 이미 아프리카에서 진화한 것으로 드러났다. 즉, 소결핵균이 사람의 결핵균과 매우 유사하긴 하지만 조상은 아니라는 얘기다.

이후 2013년에는 스위스에 위치한 열대공공건강연구소 Tropical and Public Health Institute; TPH 의 세바스티앙 가뉴 Sebastien Gagneux 연구팀이 사람의 결핵균 기원에 관한 더욱 면밀한 연구 결과를 발표했다. 연구진은 전 세계에서 사람의 결핵균을 비롯하여 균주 259개를 수집했고, 이들의 전체 유전체 염기서열을 결정했다. 이들의 연구 결과에 따르면 사람의 결핵균과 이를 포함한 유사 그룹 *M. tuberculosis* complex (MTBC라고 한다)은 지금으로부터 약 7만 년 전쯤 출현했다. 현생 인류가 아직 아프리카에 머물던 시절이다. 결핵균은 인류가 아프리카에서 다른 지역으로 건너가면서 함께 이동했고, 신석기시대에 인구 밀도가 증가하면서 널리 퍼진 것으로 나타났다. 특히 유전체에 기초한 결핵균 사이의 계통도와 미토콘

드리아 유전자 염기서열을 바탕으로 작성한 사람의 계통도의 지역적 분포가 거의 일치했다. 예를 들어 3만 2,000년 전에서 4만 2,000년 전에 인류가 중앙아시아를 거쳐 동아시아 지역으로 이동했다는 고고학적 증거와 결핵균의 유전체 정보를 통해 추정한 증거가 거의 일치했다. 사람과 결핵균이 함께 진화하고 이동해온 것이다.

결핵균은 현생 인류의 출현과 함께했으며, 함께 이동해왔다. 물론 오랫동안 인류를 괴롭혀왔다. 하지만 산업화 이전에는 어느 지역에서도 대규모로 발생했다는 증거가 없다. 결핵균은 산업혁명의 세균이라고 해도 과언이 아니다. 급격한 도시로의 인구 집중, 열악한 노동 환경, 빈약한 위생 시설로 말미암아 인간 스스로 불러온 파괴적인 병원균이다. 결핵균이 인간의 역사를 바꾸었다기보다는 인간이 역사에서 가장 급격하고도 본질적인 변화의 시기에 결핵균을 불러냈다. 그러고는 이 세균이 야기한 질병을 오해하면서 낭만적으로 여기기도 했다. 정체를 알게 된 후로 결핵은 가장 대표적으로 꺼림칙하게 여기는, '계급화된' 질병이 되었다. 우리는 아직도 그 영향 아래서 살고 있다. 산업화도 결핵도.

최초의 역학조사는 도시를 어떻게 바꿔놓았나?

수도 펌프 손잡이와 콜레라

"좌심실은 수축되어 있고, 우심실은 검은 엉긴 덩어리로 꽉 차 있습니다. 식도는 청색이고, 상피는 떨어져 있고, 장기는 쌀뜨물이나 우유 비슷한 물질로 가득 차 있습니다. (중략) 인더스강의 삼각주와 갠지스강 깊은 계곡의 기체 포탄에 쏘인, 정오의 죽음. 수국빛으로 물든 장기. 좁씨, 아니 대마씨만큼 크게 팽창한, 격리된 샘들. 오돌오돌해진 페이어 판. 옴이라 불리는 여포의 종창. 비장의 혈관 비대증. 회맹부 판의 푸르스름한 죽, 지방이 축적된 간. 이 모두가 스튜 냄비처럼 꽉 찬 멜포멘호 선원의 가로세로 40에 170센티미터의 몸속에 들어 있습니다."[8]

장 지오노 Jean Giono, 《지붕 위의 기병 Le Hussard Sur Le Toit》 중에서

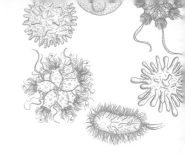

'치료받지 않을 권리'를
선동한 무시무시한 미생물

2016년 8월 23일. 우리나라 뉴스는 어찌 보면 호들갑을 떨었다. 2001년 이후 국내에서는 발생한 적 없던 콜레라가 발생했다는 소식 때문이었다. 결국 콜레라가 아니었던 것으로 판명 났지만 이틀 후 다시 콜레라 감염자가 보고되었다. 최종적으로 감염자는 겨우 세 명에 불과했고 모두 완치되었지만, 이들에게서 나온 콜레라균이 모두 같은 유전형이며, 국내에서는 확인되지 않았던 종류란 점에서 보건당국을 긴장시켰다. 2001년 경상도 지역을 중심으로 콜레라가 발병해서 160명이 넘는 환자가 발생한 기억을 되살리기도 했다. 호들갑으로 보일 수도 있지만, 충분히 그럴 만했다.

　이제 우리는 이렇게 단 몇 명의 감염자에 긴장하지만, 19세기 내내, 20세기 중반까지만 해도 콜레라는 괴질怪疾, 호열자虎列刺＊ 등으로 불릴 정도로 무시무시한 질병이었다. 지금도 콜레라는 위생 시설이 잘 갖취지지 못한 저개발국가에서 적지 않게 유행하지만, 선진국에서는 거의 사라졌다. 이 질병의 정체와 전파 방식을 규명하려는 과학적 노력은 상하수도 시설을 중심으로 한 도시의 정비를 가져왔고, 이로 인해 콜레라뿐만 아니라 각종 질병을 막아낼 수 있었다. 이번 장은 도시 시스템을 바꾼 세균과 사람 이야기다.

1832년 리버풀,
민중의 불신과 폭동의 시작

1832년 6월 2일, 《리버풀 크로니클Liverpool Chronicle》지는 폭도들이 약국을 공격한 사건을 보도했다.

> 건물에 돌과 벽돌이 던져졌고, 현재 죽어가는 여성이 누워 있는 방에서도 여러 개의 창문이 깨졌으며, 그녀를 돌보던 의료진은 안전한 곳을 찾아 피해야 했다. 여러 사람이 폭도들에게 쫓기고 공격을 받았으며 일부는 부상을 입었다. 공원의 순경들은 당황하여 아무런 조치도 취하지 못한 것으로 보인다…….

---

* 괴질은 원인을 알 수 없는 병이라는 뜻이다. 일본에서는 '콜레라'를 '코레라그レラ'라고 했는데, 이를 한자로 옮기면 '호열랄虎列剌'이었다. 그런데 이 말이 구한말 한반도로 전해지면서 '랄剌'과 '자剌'가 혼동되어 '호열자虎列剌'가 되었다. 호열자를 해석하면 '호랑이에게 찢겨 죽을 정도로 아프다'는 의미도 되어 이 용어가 그대로 굳어져 쓰이게 되었다.

결국 폭도들은 경찰에 의해 해산되었고, 다음 날 경찰들은 불명예스러운 행동을 한 사람들을 체포한 공로로 10파운드의 포상금을 받았다. 그런데 그해 리버풀에서의 폭동은 그날이 처음도, 마지막도 아니었다. 5월 29일 첫 폭동 이후 6월 10일까지 모두 여덟 차례의 폭동이 벌어졌다.

폭동은 작은 미생물에서 비롯되었다. 이미 이전에 영국에 상륙해 적지 않은 인명 피해를 입히고 사라진 듯했던 미생물이었다. 당시에는 그 유행성 질병이 미생물에 의한 것인지도 몰랐지만, 병명만큼은 역사에 또렷이 새겨졌다. '콜레라.'

1832년 리버풀에 콜레라가 발생한 첫 사례는 5월 17일로 기록되어 있다. 그때부터 9월 13일 마지막 사례가 보고될 때까지 리버풀 인구의 약 3퍼센트에 해당하는 4,977명에서 발병했고, 이 중 1,523명이 사망했다(치명률이 무려 30퍼센트에 이른다). 사망한 사람은 대부분 가난한 사람들이었다. 많은 이들이 지하에서 생활했고, 아일랜드 이민자도 많았다. 리버풀은 런던을 빼고 영국에서 콜레라 발병률이 가장 높은 지역이었다.

첫 번째 폭동은 5월 29일 오후 페리 가街의 한 건물 지하에 살던 클라크Clarke라는 부두 노동자와 그의 아내가 지역 의사의 진찰을 받으면서 시작되었다. 부부는 설사 때문에 진료소를 찾았다. 남편은 며칠 동안 아픈 상태였고, 아내는 그날 설사만 앓았다. 의사는 둘 다 콜레라에 걸렸다고 진단했다. 여자의 상태가 더욱 심해지자 의사는 오후 6시경 그녀를 가마palanquin에 태워 톡스테스 공원Toxteth Park에 있는 콜레라병원으로 이송시키기로 했다. 그런데 수많은 여성과 소년이 병원으로 가는 길에 모여들어 의사와 수행원들에 항의했다. 7시 30분쯤 남편도 아내와 마찬가지로 병원으로 이송되었는데, 이 시간에 이르러서는 군중의 규모가 상당히 커졌다. 군중들은 가마를 따라 병원으로 몰려갔고, 병원 밖에서 건물을 향해 돌을 던졌다. 《리버풀 크로니클》지는 그 수가 "1,000명 이상"으로 추정되고 주로 "가장 낮은 계층의 여성과 소년"으로 구성되어 있다고 보도했다.

클라크 부인은 그날 저녁 늦게 사망했고, 다음 날 묻혔다. 경찰이 군중을 해산했지만 폭동은 계속됐다. 갑자기 격렬하게 폭발했고, 매우 광범위하게 서로 관련 없는 장소에서 소란이 일어났다. 도시의 남쪽에서 시작해 별로 일관성도 없이 중부와 북부 지역으로 퍼졌다. 사람들은 환자를 다른 집에 숨겨 병원으로 이송되는 것을 지연시키기도 했고, 환자를 태운 가마를 부수기도 했다.

리버풀에서 가장 격렬하긴 했지만, 영국 각지에서, 영국을 넘어 유럽 여러 도시에서 크고 작은 폭동이 벌어졌다. 이유가 무엇일까? 우선은 이전에 겪어보지 못한 새로운 질병에 대한 두려움이 있었다. 집에 남은 사람보다 병원에서 사망하는 환자가 더 많다는 보고가 있을 정도로 의사들은 이 질병에 별로 도움이 되지 않았고, 의료계는 조롱의 대상이 되기 일쑤였다. 그러니 병원을 기피할 수밖에 없었다.

또 다른 이유도 있었다. 군중들이 가마를 따라가며, 병원을 둘러싸고 '버커Burker'라고 외친 데서 그 이유를 찾을 수 있다. 버커는 1828년 에든버러에서 윌리엄 버크William Burke와 윌리엄 헤어William Hare라는 아일랜드 이주민에 의한 살인사건에서 나온 말이다. 그들은 해부용 시체를 판매하기 위해 여럿을 살해했다. 버크는 교수형에 처해졌지만, 이 사건은 사람들의 기억에 깊이 자리잡았다. 1832년 초에 통과된 해부법 Anatomy Act 은 여러 규제를 두긴 했지만, 해부할 시신을 확보하는 데 어려움을 겪는 의료계의 압력에 굴복해 빈곤층의 시체는 자동으로 해부할 수 있도록 했다. 같은 해 발생한 콜레라는 '버킹 burking '에 대한 대중의 두려움을 불러일으킬 수밖에 없었다. 사람들은 병원 앞에서 의사들이 버크처럼 환자를 해부용으로 쓰기 위해 고의로 죽인다고 항의했다. 대중은 의사들을 믿지 못했을 뿐만 아니라 두려워했다. 심지어 '치료받지 않을 권리'를 주장하기도 했다.

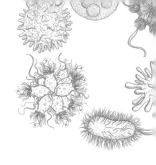

콜레라가
'최고의 위생 개혁가'라고?

콜레라라는 병명은 '지나친 설사', 또는 '황담즙의 유출'을 뜻하는 그리스어 'chole'에서 왔다. 하지만 고대 그리스에서 지칭한 질병은 흔히 우리가 아는 콜레라와는 다른 식중독의 일종이다. 18세기 이후 200년 동안 인류를 괴롭히고 있는 콜레라는 원래 인도 갠지스강 하류 벵골 지역의 풍토병으로, 인근 주민들에게만 돌던 감염질환이었다. 콜레라의 병원체인 **콜레라균** *Vibrio cholerae* 은 쉼표 모양으로 생겼고(그래서 'comma bacillus'라고 했다), 물속에서 살아간다. 편모를 채찍처럼 사용해서 진동하듯 헤엄친다고 해서 붙은 속명이 바로 'Vibrio'다. 콜레라균이 포함된 배설물이나 물을 마시는 경우 감염된다. 또는 콜레라균에 감염된 조개나 가재, 굴과 같은 해산물이나, 딸기, 채소 등을 먹어도 감염된다. 인도의 늪지대에서 유행하던 이 질병은 19세기 들면서 전 세계를 누비게 된 함선과 기차를 타고 세계 곳곳을 감염시켰다.

물론 장을 공격해 지독한 설사를 유발하는 질병은 인류가 태동할 때부터 있었다. 장티푸스를 유발하는 살모넬라나 이질을 일으키는 시겔라*Shigella dysenteriae* 같은 세균도 그렇고, 아메바도, 회충도 설사를 일으킨다. 식중독과 관련된 노로바이러스나 로타바이러스는 급성 설사병을 일으키기도 한다. 하지만 1800년대에 등장한 설사 질환은 달랐다. 의사와 과학자, 보건당국자 들은 전보다 훨씬 강력하고 심각한 설사를 유발하는 이 질병이 이전과 전혀 다른 종류라는 사실을 금방 깨달았다.

급성 구토와 설사가 콜레라의 대표적인 증상이다. 설사로 지나치게 많은 수분을 방출하면서 심한 탈수 증상을 겪는데, 이때 얼굴이 푸르스름하게 변하면서 창백해지고, 심지어는 검게 변하기도 한다. 콜레라균은 위를 거친 후 작은창자에 부착해 증식하면서 장독소enterotoxin를 분비하는데, 이 장독소의 일종인 콜레라 독소cholera toxin의 작용으로 이러한 증상이 나타난다. 작은창자는 음식의 수분과 몸속의 남아도는 수분을 흡수하는 역할을 하는데, 콜레라 독소가 작은창자에서 엄청난 양의 수분을 배출하도록 자극하는 것이다. 탈수는 근육 경련, 쇼크, 순환계 허탈*로 이어지고, 치료하지 않으면 단 몇 시간 만에라도 환자의 절반 가까이 사망한다. 감염자의 설사에는 1밀리리터에 약 1억 개에 달하는 엄청난 양의 세균이 포함되어 있고, 이 세균은 다시 물로 돌아가 다른 사람들을 감염한다.

다른 감염질환과 달리 콜레라의 증상은 부끄러운 것이었다. 하루

---

* 적절한 산소나 영양이 공급되지 못해 정상적이던 혈액 순환에 심각한 문제가 생긴 상태를 말한다.

만에 10리터에서 수십 리터에 이르는 '쌀뜨물' 같은 설사를 쏟아낸다. 장에서 쏟아지는 액체에는 흰 알갱이처럼 보이는 작은창자의 상피세포 조각들이 들어 있다. 설사는 때와 장소를 가리지 않고 쏟아져 나오며 조절이 불가능해서 '폭포수 같다'고 표현하기도 한다. 이 장 서두에 소개한 장 지오노의 소설 《지붕 위의 기병》에서 묘사한 환자들의 모습은 참혹하다기보다 역겹다.

인도 풍토병에서 팬데믹으로, 콜레라의 세계화

인류는 여러 차례 팬데믹에 처했다. 팬데믹이란 전 세계에 걸쳐 감염질환이 유행하는 상태를 의미한다. WHO는 감염질환의 유행을 확산 정도·독성·사망률을 기준으로 여섯 단계로 정의하는데, 그중 팬데믹은 가장 높은 단계인 6단계로 빠른 속도로 지속적으로 사람들 사이에 질병이 전파되는 상황을 말한다. 2024년까지 우리를 공포에 떨게 한 SARS-CoV-2 바이러스에 의한 코로나19가 바로 팬데믹에 해당한다.

연구자들은 19세기 초부터 20세기에 걸쳐 전 세계적으로 콜레라의 확산이 일곱 차례 일어났고, 1961년 시작된 일곱 번째 팬데믹은 지금까지 지속되고 있다고 본다. 1차 팬데믹은 1817년에 시작되었다. 영국은 동인도회사를 앞세워 인도를 식민지로 만들었고 벵골 지역의 캘커타(지금의 콜카타)를 행정 중심지로 삼았다. 작은 촌락이었던 캘커타는 도시로 성장했고, 처음 생각했던 것보다 훨씬 커져 사람들로 북적였다.

위생은 형편없었다.

1817년 8월 캘커타 인근에서 발생한 콜레라는 벵골 전역으로 확산되었다. 이전 같았으면 국지적인 피해로 그쳤을 것이다. 하지만 인구가 밀집된 도시는 세균이 활약하기에 더없이 좋은 무대였다. 콜레라균은 여지없이 도시민들을 공격했고, 여행자들과 캘커타에 주둔하던 영국 군대의 병사들을 감염했다. 군대는 이 세균을 인도 대륙에서 네팔과 아프가니스탄으로 옮겼고, 배로 항해하며 더 먼 곳으로 실어 날랐다. 먼저 아시아를 휩쓸었다. 봄베이에서 영국 군대가 오스만 제국과의 전쟁에 차출되면서 콜레라는 아라비아반도에 상륙했다.

유럽의 의학자들은 아시아에서 유례없이 벌어지는 비극적인 상황을 잘 알고 있었다. 하지만 먼 나라의 이야기로 여겼다. 아직은 이동 수단이 그다지 빠르지 않았고, 콜레라의 잠복기는 짧았다. 콜레라 환자가 배에 타면 유럽에 도착하기 전에 이미 증상이 나타났고, 그에 따라 조치를 취할 수 있었다.

하지만 허술한 방어선은 능수능란한 세균에게는 통하지 않았다. 단 몇 년 만에 방어선은 무너졌는데, 그 주역은 다름 아닌 군인들이었다. 군인들은 자신의 뱃속에, 혹은 짐 속에 콜레라균을 품고 전장을 누볐고, 고향으로 돌아왔다.

1826년 2차 팬데믹이 시작되었다. 콜레라의 유행은 군대의 이동 경로를 그대로 따랐다. 전 세계에 식민지를 구축하고 교역하던 영국은 이 질병을 미국과 캐나다로 옮겼고, 스페인의 콜레라는 남아메리카 대륙으로 건너갔다. 당시 세계화는 콜레라의 세계화와 같은 말이었다.

리버풀 폭동 당시 콜레라는 1826년부터 1837년 사이에 해당하는 2차 팬데믹 와중이었다. 앞서도 얘기했지만 콜레라는 리버풀보다 당시 세계에서 가장 번잡한 도시 중 하나이던 런던에서 더욱 심각했다.

콜레라는 비록 인도에서 비롯해 세계화의 물결을 타고 영국까지 진출한 것이었지만, 19세기 영국의 도시 환경은 콜레라가 발생하기에 이상적이었다. 19세기 초반만 하더라도 100만 명 정도이던 런던의 인구는 산업화와 도시화로 폭발적으로 증가해 이미 런던과 그 주변에만 250만 명이 넘게 살았다. 도시의 인프라는 인구 증가를 따라가지 못했다. 특히 하수 시설이 형편없어 집에서 흘러나온 오물이 구덩이에 흘러넘치며 악취를 풍겼다. 거리의 하수와 분뇨는 도랑과 강으로 흘렀다. 폐수가 유입된 템스강의 물을 처리하지도 않은 채 식수로 이용하기도 했다.

런던 브로드 가의 비극은 바로 그런 도시의 비위생적 환경에서 말미암았다. 이 깨달음은 도시 개혁에 커다란 계기가 되었다. 그 중심에 한 의사가 있었다.

최초의 역학조사가
도시를 바꾸기까지

존 스노는 마취제 클로로포름을 영국에 처음 들여온 의사였다. 클로로포름을 이용해 빅토리아 여왕의 출산을 도움으로써 커다란 영예를 얻었고, 영국 의학계에서 중요한 지위를 차지했다.

1854년 8월부터 9월 사이 브로드 가에 인접한 소호 지역에서 콜레라가 창궐했다. 시작은 브로드 가 40번지에 위치한 술집 바로 위층에 살고 있던 토머스 루이스Thomas Louis 라는 경찰관의 딸이었다고 전해진다. 토머스와 아내 사라 루이스Sarah Louis 는 몇 년 전 아들을 잃은 터라 딸 프랜시스Frances 를 애지중지 키웠다. 가끔 병치레를 했지만 딸은 다행히 대체로 건강하게 자랐다. 템스강 남쪽에 콜레라가 발생했다는 소식을 듣긴 했지만 그들이 살고 있는 지역엔 해가 없었기에 안심하고 있었다. 그런데 8월 28일 새벽부터 태어난 지 막 5개월이 지난 아기가 구토를 시작하더니 지독한 냄새를 풍기는 초록색 설사를 쏟아냈다. 아기 엄마는 몇 블록 떨어진 곳에 있는 의사를 불렀고, 의사가 도착하기를 기다리는 동안 아기의 변이 묻은 기저귀를 빨았다. 기저귀를 빤 더러운 물은 늘 하던 대로 건물 앞 구덩이에 버렸다.

루이스 가족의 아기가 앓기 시작한 지 이틀째, 같은 건물의 재단사 한 명에게서 비슷한 증상이 나타났다. 재단사는 콜레라 증상을 보인 지 겨우 24시간 만에 숨졌다. 재단사가 죽고 몇 시간 만에 소호 지역에서 10여 명의 사망자가 나왔다. 루이스네 아기도 힘겨운 사투를 벌였지만 9월 2일 끝내 사망하고 말았다.

프랜시스가 첫 환자는 아니었을지도 모른다. 사라가 존 스노에게 가장 정직하게 발병 사실을 밝혔기 때문에, 스노가 이 발병 사례를 소호 지역 콜레라 발생의 지표사례index case 로 여겼을 가능성이 크다. 그녀가 콜레라균이 득실거리는 물을 거리에 버린 것이 이 질병의 신속한 전파에 결정적 역할을 했을지는 모르지만, 그건 늘 그렇게 해오던 일이었다. 도시에 제대로 된 하수 시설은 원래 없었다. 프랜시스 루이스 이후로 브로드 가를 중심으로 한 소호 지역에서 수백 명이 콜레라로 사망했다.

존 스노는 소호 지역 인근에 살고 있었다. 몇 년 전부터 콜레라에 관심을 가지고, 이것이 어떤 경로로 발생하고 퍼지는지 알아내고자 했던 그는 브로드 가의 발병이 좋은 기회라고 여겼다. 스노는 열흘 동안 발생한 수백 건의 콜레라 발생과 사망을 추적했다. 그가 수행한 방식은 매우 체계적이면서도 고되었다. 그는 지역 사정을 잘 아는 젊은 목사인 헨리 화이트헤드Henry Whitehead의 도움을 받아 모든 건물에서 환자의 발생 여부를 조사했다. 몇이나 감염되었는지, 사망자는 어떻게 되었는지, 식수로 어디에서 나는 물을 가져다 쓰는지를 확인하고 그것을 상세한 지도에다 꼼꼼히 표시했다. 이를 'Ghost map'이라고 하는데, 우리말로는 흔히 '감염지도'로 번역한다. 최초의 역학epidemiology 조사였다.

지도를 본 스노는 깜짝 놀랐다. 지도가 뚜렷한 경향성을 보였던 것이다. 브로드 가의 수도 펌프에 가까울수록 감염자가 많았다. 브로드 가에서 멀리 떨어진 곳에서도 감염자가 나왔는데, 브로드 가의 펌프에서 나오는 물맛이 좋다고 해서 일부러 그곳의 물을 가져다 먹은 사람이었다. 펌프에서 가깝더라도 용케 감염자가 나오지 않은 곳도 있었는데, 바로 양조장의 노동자들과 빈민층이 거주하는 지구였다. 그들은 브로드 가의 펌프를 이용하는 대신 양조장에선 맥주를 마셨고, 빈민 지역에 돌아가선 따로 우물을 파서 그곳의 물을 먹었다. 이런 사실이 의미하는 바는 분명했다. 브로드 가의 물맛 좋은 수도 펌프가 원흉이었다. 콜레라에 걸린 아기의 기저귀를 빤 물이 수도 펌프로 흘러 들어갔고, 이곳에서 물을 길어가는 사람들에게 질병이 지속적으로 퍼졌던 것이다. 비록 물속

브로드 가(현재 브로드윅 가)의 수도 펌프.
존 스노 이후 철거되었고 이후 상징적으로 다시 설치되었다.
펌프에 손잡이가 없는 걸 볼 수 있다.

에 무엇이 들어 있는지 그들은 몰랐겠지만 말이다. 스노는 브로드 가의 펌프에서 손잡이를 제거하도록 당국을 설득했고, 결국 펌프 손잡이는 제거되었다. 프랜시스 루이스를 시작으로 600명이 넘는 희생자가 생긴 이후였지만, 소호 지역의 콜레라는 곧 잦아들었다.

　스노는 물이 문제라는 사실을 또 다른 상황에서도 확인했다. 원래 런던의 시민들은 램버스와 서더크앤드복스홀이라는 두 상수도 회사에서 템스강의 물을 공급받았다. 그런데 1848년부터 1849년까지 콜레라가 휩쓸고 간 후, 램버스 회사는 물 공급원을 템스강이 아니라 시골의 다른 곳으로 옮겼다. 1854년 다시 콜레라가 도시를 엄습했을 때, 스노는 어떤 회사의 물을 공급받는지와 콜레라 발생률을 관련지어 조사했다. 역시 체계적인 조사였다. 7주 동안의 조사 결과, 1848년에는 감염률과 사망률이 비슷한 반면, 1854년에는 서더크앤드복스홀 회사의 물을 공급받은 쪽이 램버스 회사의 물을 마신 쪽보다 감염률이 높았고, 사망률은 무려 여덟 배 이상이었다. 역시 물이 문제였다. 아니, 물을 어떻게 공급하고, 어떻게 관리하고, 처리하는지가 문제였다.

스노가 밝힌 브로드 가의 비밀은 과학적 추론과 정보 설계에 기초한 역학조사의 승리였다. 더 나아가 도시가 변모하는 데 결정적 기여를 했다. 스노는 몇 년 후 마흔다섯 살의 나이에 뇌졸중으로 죽었다. 아마도 마취제를 시험하는 데 자신의 몸을 아낌없이 내어주며 흡입 실험을 한 대가였을 것이다. 그의 부고 기사에는 콜레라 이야기가 단 한 줄도 실리지 않았지만, 그가 죽고 얼마 후 런던에서는 모든 하수와 지표수를 도시에서 멀리 보내 처리하는 방대한 하수도 망을 놓기로 결정한다. 당시 《타임스The Times》지는 콜레라를 '최고의 위생 개혁가the best of all sanitary reformers'라고 했다.

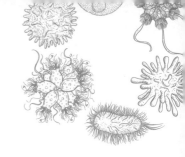

분자역학, 반복 유행하는 콜레라의 전파 경로를 뒤쫓다

콜레라균을 처음 찾아낸 이는 이탈리아의 의사이자 과학자인 필리포 파치니 Filippo Pacini 였다. 현미경 사용에 능했던 파치니는 1854년 피렌체에 콜레라가 유행하자 이에 관심을 갖고 콜레라로 사망한 환자의 시신을 부검해서 현미경으로 관찰했다. 그는 장 점막에서 발견한 쉼표 모양의 세균을 'Vibrio'라고 명명하고, 〈콜레라에 관한 현미경 관찰과 병리학적 추론〉이라는 논문을 발표했다. 그가 현미경으로 관찰한 슬라이드도 남아 있는데, 라벨에 'Colera('Cholera'가 아니다)'라고 선명하게 적혀 있다. 파치니는 이후로도 콜레라에 관한 논문을 여러 차례 발표했는데, 세균이 장점막을 파괴하고, 이 때문에 전해질이 대량으로 빠져나가면서 치명적인 상태가 된다는 사실을 명확하게 파악하고 있었다. 또한 치료법으로 환자들에게 소금물을 많이 먹을 것을 권했는데, 이는 오늘날에도 콜레라의 가장 기본적인 대응법이다.

오랫동안 콜레라균의 발견자는 로베르트 코흐로 알려졌었다. 파치니가 콜레라균을 발견하고 30년 동안이나 이 사실이 널리 알려지지 않았다. 어찌 보면 기이한 일인데, 그만큼 파치니의 발견이 시대를 앞서갔다고도 볼 수 있다. 아직 파스퇴르와 코흐의 세균병인론이 정립되어 인정받기 전이었고, 콜레라가 공기로 전염된다고 주장했던 막스 페텐코퍼 Max Joseph von Pettenkofer 등의 영향력이 막강하던 때였기 때문이다.

파치니가 죽은 해(1883) 8월 이집트에서 콜레라가 발생하자 코흐는 이 골치 아픈 질환의 원인균을 규명하는 연구팀 책임자로 이집트 알렉산드리아로 파견되었다. 당시 정치지도자들처럼 서로 으르렁대기 바빴던 독일과 프랑스의 과학자들이 모처럼 공동 연구팀을 꾸렸다. 그런데 연구팀이 이집트에 도착했을 때는 이미 콜레라가 이집트에서 기세를 거둔 후였다. 그곳에서 그들은 이전에 알려져 있던 세균과는 다른 세균을 발견했지만 확신하지 못했고, 여전히 콜레라가 기승을 부리고 있는 인도 캘커타로 다시 건너갔다. 콜레라로 사망한 환자의 시신에서 콜레

'쉼표 모양의 세균' 콜레라균

라균을 발견하고 순수 배양하는 데까지 성공해 1884년 1월 7일 이 사실을 발표했고, 콜레라균이 축축한 린넨과 진흙에서 잘 증식하고, 건조와 약산 용액에 민감하다는 특성을 밝혀냈다.

감염질환이 나쁜 공기, 즉 미아즈마miasma 때문이라고 죽을 때까지 주장한 페텐코퍼는 코흐의 증명에도 콜레라가 세균 병인 질병이라는 사실을 받아들이지 않았다. 공개적으로 코흐가 보내온 콜레라균 배양액을 마시기도 했다. 놀랍게도 페텐코퍼는 콜레라에 걸리지 않았고, 이를 자신의 이론이 맞다는 증거로 삼았다. 페텐코퍼는 이미 몇 년 전 콜레라에 감염된 적이 있었지만, 이를 언급하지 않았다. 그런데 한 가지 짚고 넘어가야 할 점이 있다. 물론 감염질환에 관한 페텐코퍼의 이론은 잘못되었지만, 그가 감염질환을 예방하는 데 상하수도 시설의 정비가 중요하다고 주장했다는 점이다. 특히 음용수와 지표수를 분리하는 안전한 상수도 공급 체계 아이디어를 제시하고, 한 번 사용한 물은 지표면을 오염시키거나 지표수와 섞이기 전에 처리해야 한다고 주장했다. 그는 이를 실현하는 데에도 상당한 영향을 주었다. 영국의 나이팅게일Florence Nightingale이 세균병인론을 받아들이지 않고서도 청결과 위생을 강조하며 감염 예방에 공로를 세웠던 것과 비슷한 맥락이다.

존 스노는 콜레라가 수인성 질병이며 도시의 위생과 밀접한 관련이 있음을 밝혀냈지만, 그는 세균의 정체를 몰랐다. 필리포 파치니는 콜레라의 원인균을 밝혀냈지만, 그의 발견은 널리 알려지지 않았다(국제명명위원회는 1966년에야 그의 연구를 인정했다). 그 후 30년이 지나서야 코흐가 세균과 질병 사이의 연관성을 과학적으로 밝혀내면서 적합한 대응과 치료가 가능해졌다. 코흐는 깨끗한 물의 중요성을 강조했고, 수돗물을 여과해서 공급할 것을 주장했다. 코흐의 방침은 그의 발견 8년 후 콜레라가 독일 함부르크 지방을 황폐화했을 때, 인접한 알토나 지역을 지키는 결과로 이어지면서 더욱 힘을 얻었다. 건강을 위해서는 도시가 바뀌어야 했다.

콜레라 독소가
작동하는 메커니즘

콜레라균의 유전체는 독특하게도 크기가 3 대 1 정도 되는 두 염색체에 나뉘어 존재한다. 4,000개에 가까운 유전자가 있으며, 독성 인자인 콜레라 독소를 만들어내는 유전자는 CTXØ(파이)에 위치한다. CTXØ는 원래 박테리오파지 bacteriophage*로, 처음부터 콜레라균 안에 들어 있는 것은 아니다. 콜레라균에 감염된 박테리오파지가 자신의 유전자를 콜레라균의 유전체에 삽입한 것이다. 말하자면 바이러스의 유전자가 미생물의 유전체에 삽입되어 미생물이 병원성을 갖게 된 경우다.

또한 콜레라균은 독특한 구조의 섬모 pilus 를 갖는데**, 이 섬모는 콜레라균의 중요한 독성 인자다. 콜레라균이 숙주의 장 상피세포에 정착하는 데 필수적인 역할을 하기 때문이다. 콜레라균에서 섬모의 발현은

---

* 세균을 감염하는 바이러스로, 흔히 '파지'라고도 한다.

** 콜레라균의 섬모는 제4형 섬모 Type IV pili 로, 세균이 작은 원형의 집락 microcolomy(왜소집락이라고 한다)으로 뭉치도록 한다.

바로 앞에서 언급한 콜레라 독소의 생산과 함께 조절되기 때문에 이를 독소공조절섬모Toxin-Coregulated Pilus; TCP라고도 부른다.

콜레라 독소가 작용하는 메커니즘을 좀 더 살펴보면 다음과 같다. 콜레라 독소는 하나의 효소활성단백질(A)과 다섯 개의 결합단백질(B5)로 이루어져 있다. 그래서 A1B5 구조라고 한다. 콜레라균이 작은창자의 미세융모 세포에 부착되면, 콜레라 독소의 결합단백질이 마치 다섯 손가락처럼 장내 상피세포 표면의 GM1 강글리오시드ganglioside 수용체와 결합한다. 이렇게 콜레라 독소가 장 상피세포와 결합하면 효소활성단백질이 상피세포 내부로 들어갈 수 있게 된다. 효소활성단백질은 세포 내부에서 NAD+에서 ADP-리보스기를 떼어낸 후 세포내 cAMP의 양을 조절하는 GTP-결합단백질에 부착시키는 작용을 한다. 이렇게 되면 cAMP의 양이 조절되지 못해 세포는 이온 농도 조절 기능을 상실하고 만다. 즉, cAMP가 쉼 없이 만들어지면서 염소이온Cl- 을 비롯한 이온들이 지나치게 장으로 빠져나간다. 빠져나간 염소이온은 나트륨이온Na+ 과 결합해서 염화나트륨NaCl 을 만들어내는데, 이렇게 되면 삼투압 조절이 되지 않아 대량의 수분이 세포 밖으로 빠져나간다. 콜레라를 치료하는 데 체내의 전해질 불균형을 교정하는 일이 중요한 이유다. 그래서 콜레라 환자에게 전해질을 포함한 수액을 공급한다.

콜레라 팬데믹은
아직 끝나지 않았다

콜레라의 유행이 왜 반복적으로 일어나는지는 오랫동안 과학적으로 규명되지 않았다. 이에 대한 해답을 제시한 이는 여성 최초로 미국 국립과학재단National Science Foundation; NSF 의 총재에 오른 리타 콜웰Rita R. Colwell 이었다. 콜웰은 콜레라균이 생장에 불리한 조건에서는 휴면 상태에 있다가 조건이 좋아지면 다시 활동을 재개한다는 사실을 알아냈다. 척박한 환경에서는 휴면 상태에 들어가기 때문에 실험실에서도 배양하지 못한다. 휴면 상태의 콜레라균은 물속의 플랑크톤에 붙어서 기회를 노린다. 극도로 더운 날씨가 지속되고 폭우가 내리면 콜레라균의 생장에 유리한 환경이 조성된다. 특정 지역에 일조시간이 늘어나면 지표수의 온도가 높아져서 식물성 플랑크톤이 폭발적으로 증가한다. 식물성 플랑크톤을 먹고 사는 동물성 플랑크톤 역시 증가하는데, 특히 갑각류에 속하는 요각류Copepod 가 증가한다. 콜레라균은 바로 이 요각류와 공생 관계에 있다. 따뜻해진 바닷물이 플랑크톤의 생장에 영향을 미치고, 결국은 콜레라균을 증가시키는 것이다. 이는 지구온난화와 같은 기후 교란이 콜레라의 전파에 영향을 줄 수 있다는 예측을 가능케 한다.

모든 콜레라균이 전염성 질환을 일으키는 것은 아니다. 콜레라균에도 다양한 혈청형이 존재하는데, 그 가운데 O1과 O139에 속하는 세균만이 감염질환을 일으킨다. O1에는 '고전classical 형'과 '엘 토르형El Tor 형'이라는 생물형biotype 이 포함되는데, 과거 여섯 차례의 팬데믹을 일으킨 콜레라균은 고전형으로 알려져 있다. O139는 O1과는 달리 세포벽 바깥에 캡슐을 갖는 종류이며 1992년 방글라데시를 비롯한 동남아시아에 출현했다. 하지만 이후 O1이 다시 주요한 콜레라균으로 떠올라 여전히 맹위를 떨치고 있다. 최근의 팬데믹은 그중에서도 엘 토르형에 의한 것이며, 1980와 1990년대 우리나라에서 발생한 콜레라 역시 마찬가지다.

한양대학교 김동욱 교수를 포함한 국제 공동연구팀이 1960년대 이후 전 세계에 걸쳐 수집한 150여 개 균주들의 유전체 염기서열 분석에 따르면 1960년대 이후 일곱 번째 팬데믹을 일으킨 콜레라균은 서로 독립적으로 발생했으나 시기적·지역적으로 겹치는 세 개의 유행을 통해 뱅골만에서 전 세계로 횡단 전파되었다. 200년이 지나도 여전히 뱅골만은 세계 유행의 진원지인 셈이다.

이 콜레라균은 2010년 지진으로 무너진 아이티를 덮쳐 100만 명가까이 감염시키고 1만 명 이상의 사망자를 냈다. 아이티 콜레라는 지진 이후 아이티에 지원 온 네팔의 평화유지군에서 비롯된 것으로 여겨진다. 하버드 대학 연구진은 세균 유전체 분석으로 아이티 콜레라가 한 개의 균주에서 시작되었다는 사실을 밝혀냈다. 네팔에서 수집한 콜레라균 균주를 분석한 덴마크 등의 연구진은 네팔의 콜레라균이 아이티의 콜레라균과 겨우 한두 개의 염기만 다르다고 보고했다. 이처럼 콜레라균은 처음으로 역학을 적용했을 뿐만 아니라 분자역학molecular epidemiology 의 궁극적인 방법론을 적용해 감염질환의 전파 경로를 규명한 세균이 되었다.

콜레라는 진정한 세계화의 산물이었다. 특히 도시에 커다란 피해를 입히며[*] 14세기 이후의 페스트, 18세기의 천연두에 이어 19세기에 가장 무섭고도 두려운 질병으로 등극했다. 이후 원인을 밝혀내고 병원균의 전파 방식을 알아내는 과정에서 대대적으로 도시에 변화가 일어났다. 이를테면 나폴레옹 3세가 집권한 1848년 한 해에만도 1만 9,000명의 파리 시민이 콜레라로 사망한 탓에 나폴레옹 3세는 조르주외젠 오스만Georges-Eugène Haussmann 남작에게 전권을 주고 파리를 새로이 건설하도록 했다. 오스만 남작은 1만 2,000개의 건물을 허물고 다시 지었고, 곳곳에 공원을 조성했으며, 더욱 중요하게는 정교한 하수 시스템을 설치했다. 쉼표 모양의 세균은 전 세계에서 수많은 목숨을 앗아갔지만, 그 결과 비로소 공중위생이 중요하다는 인식이 자리잡았으며, 도시가 변모하는 데 적지 않은 영향을 미쳤다.

콜레라 팬데믹이 아직 진행 중이라는 사실을 잊지 말아야 한다. 아이티에서 볼 수 있듯이 재해나 재난이 일어나거나, 보건 환경이 열악한 지역에서는 언제라도 터져 나올 수 있다. 또한 기후위기가 콜레라 위기를 심화시키고 있다. 콜레라 대응으로 현대화된 도시가 콜레라에 의해 황폐화될 수도 있다는 우려가 들지 않을 수 없다.

---

[*] 이는 유럽만의 일이 아니었다. 1858년 일본 또한 콜레라 팬데믹을 피해가지 못했는데, 유독 수도 에도(지금의 도쿄)에서 많은 사망자가 나왔다. 당시 에도는 신분이 높은 집안의 분뇨를 재래식 변소에서 퍼올려서 거름으로 만들어 팔았는데, 이 과정에서 콜레라균에 오염된 분뇨가 수로를 따라 상수원을 오염시키면서 감염이 확산된 것으로 보고 있다. 역시 도시의 문제였다. 콜레라는 도쿄라는 도시 또한 변화를 마주할 수밖에 없도록 만들었다.

6

전쟁보다 사람을
많이 죽인 바이러스는?

제1차 세계대전과 인플루엔자

역병에 걸렸다는 느낌은 무덤 저편에서 건너온 듯 그 무엇으로도 완화되지 않는 오한, 늪에 빠지는 듯한 열병, 몽둥이질을 당한 듯한 두통, 눈과 목이 타는 듯한 열기, 바로 눈앞에 사신이 찾아온 듯 끔찍한 섬망으로 시작되었다. 감염자의 살 갗은 청보라 빛을 띠며 점차 시커메지고 손발은 검은색으로 변했고, 숨을 못 쉴 정도로 기침이 터져 나오고 폐가 부글거리는 피거품으로 가득 찬 채 고통으로 신 음하다가 결국 숨이 막혔다. 제아무리 운 좋은 사람도 몇 시간 안 걸려 목숨을 잃 었다.⁹

이사벨 아옌데 Isabel Allende, 《비올레타 Violeta》 중에서

이 시기의 독감 이야기는 대체로 미국과 유럽에서 군대가 겪은 일을 따라가면 된다.

1960년 노벨 생리의학상 수상한 면역학자
맥팔레인 버넷 Sir Frank Macfarlane Burnet 의 말

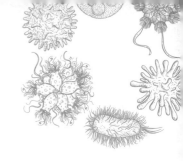

전쟁 막바지를 습격한
팬데믹의 물결

20세기 들어 인류는 두 차례의 커다란 전쟁을 치렀다. 19세기까지 전쟁이 국지적인 규모로 벌어졌다면, 20세기에 벌어진 두 차례의 파괴적인 전쟁은 여러 대륙에 걸쳐 전투가 벌어졌고, 군인들만의 전쟁이 아니라 국가 총력전의 양상을 띠었다. 1914년 6월 28일 오스트리아-헝가리 이중제국의 프란츠 페르디난트 Franz Ferdinand 황태자 부부가 사라예보에서 세르비아 민족주의 조직 '검은 손'(혹은 흑수단黑手團, 츠르나 루카 Црна рука) 단원이었던 가브릴로 프린치프 Gavrilo Princip 에 암살당하면서 전쟁이 촉발되었다는 것은 누구나 인정하는 사실이다. 하지만 전쟁이 터지기 전에는 (서구 제국주의 열강들이 군사력을 증강하고 있는 와중에도) 국가와 국가 사이에 촘촘히 맺어진 상호조약들이 전쟁을 막을 수 있으리라고 믿었다. 심지어 영국·독일·러시아의 황제들은 서로 사촌지간이었다.

그럼에도 유럽 변방에서 울린 총성 한 방에 마치 홀린 듯 전쟁에

끌려 들어갔다. 제1차 세계대전의 서막이었다. 전쟁은 세르비아와 오스트리아-헝가리 제국 사이의 국지전으로 끝날 수도 있었다. 그런데 오스트리아-헝가리 제국이 독일을, 독일이 오스만 제국을, 또 세르비아가 러시아를, 러시아가 프랑스를, 프랑스가 영국을 끌고 오면서 선발 제국주의 국가와 후발 제국주의 국가 사이의 총력전으로 확산되고 말았다.

영국 케임브리지 대학 역사학 교수 크리스토퍼 클라크Christopher Clark는 "1914년의 주역들은 눈을 부릅뜨고도 보지 못하고 꿈에 사로잡힌 채 자신들이 곧 세상에 불러들일 공포의 실체를 깨닫지 못"했다면서 제1차 세계대전을 '몽유병자들'의 전쟁이라고 했다. 옥스퍼드 대학의 A.J.P. 테일러Alan John Percivale Taylor 교수는 '기차 시간표 전쟁'이란 표현을 쓰며, 이 전쟁이 시간표대로 끌려 들어간 전쟁이자, 전쟁에 실제로 참전해보지도 않은 최고 사령관이 책상에 놓인 계획표대로 수행한 전쟁이었다고 말했다. 또한 이전의 국지적인 전쟁을 끝장낼 수 있는 전쟁이라고도 여겨 '모든 전쟁을 끝내기 위한 전쟁The war to end all wars'이라고도 했다.

전쟁은 참혹했고, 쉽게 끝나지 않았다. 제1차 세계대전을 상징하는 세 가지를 꼽으라면 흔히 기관총, 참호, 철조망을 이야기한다. 참호를 파고 철조망을 펼쳐 놓은 전선은 좀처럼 움직이지 않았고, 기관총은 한꺼번에 많은 인명을 살상했다. 끔찍하게 비위생적인 참호는 병원균들이 배양되기에 안성맞춤인 환경이 되어 기관총 세례에서 살아남은 병사들의 팔다리를 썩게 했고, 목숨을 앗아갔다.

전쟁은 4년을 넘겨 1918년 11월이 되어서야 영국과 프랑스를 중심으로 한 협상국의 승리로 끝났다. 전쟁 추를 협상국 쪽으로 돌린 데는 미국의 참전이 결정적이었다.

신병훈련소,
바이러스의 배양기가 되다

미국은 유럽에서 벌어진 전쟁을 초기에는 강 건너 불 보듯 했다. 19세기 유럽의 아메리카 불간섭과 함께, 아메리카의 유럽 불간섭을 천명한 먼로주의Monroe Doctrine 가 여전히 미국의 외교정책으로 유효한 상황이었고, 이상주의자인 우드로 윌슨Thomas Woodrow Wilson 대통령은 중립을 선언했다. 영국 중심의 협상국과 독일 주축의 동맹국 모두 미국을 자신 편으로 끌어들이려고 갖은 노력을 다했다. 결국 미국은 협상국의 편에 서서 참전하는데, 이른바 '치머만 전보Zimmermann Telegram*'가 결정적역할을 했다.

미국의 참전 결정 이후 1917년 가을부터 전국에서 주로 시골 출신의 청년들이 군사 훈련을 받으러 군 캠프에 모여들었다. 캔자스주의 펀스턴 캠프Camp Funston 도 그중 하나였다. 펀스턴 캠프에서 훈련받은 병사들은 미국의 다른 캠프로 가거나, 아니면 바로 프랑스의 전쟁터로 보

---

* 1917년 1월 독일의 외무장관인 아르투어 치머만Arthur Zimmermann 이 멕시코 주재 독일 대사인 하인리히 폰 에케르트Heinrich von Eckhardt 에게 보낸 암호로 된 전보로, 미국이 참전하지 않도록 계속 노력하되 만약 참전할 움직임이 보이면 미국과 멕시코 사이에 전쟁을 일으켜 미국의 발목을 묶어두라는 지시였다. 그렇게만 된다면 대가로 1846년 미국-멕시코 전쟁에서 빼앗긴 지역(뉴멕시코, 애리조나, 텍사스)을 되찾도록 해주겠다는 내용이었다. 영국은 이 암호문을 해독해서 미국에 알렸고, 이로 인해 미국 내 반 독일 여론이 들끓어 제1차 세계대전 참전을 재촉했다.

내졌다. 독감의 첫 공식 환자는 1918년 3월 4일 펀스턴 캠프에서 발생했다.

3월 4일 아침, 식사 당번이던 앨버트 기첼Albert Gitchell 은 목구멍 통증과 열, 두통으로 의무실을 찾았다. 이후 신병훈련소의 의무실은 그날 오전에만 기첼과 비슷한 환자가 100명도 넘게 드나들었다. 전 세계를 감염시킬 독감의 시작을 알린 신호였다. 아마도 캔자스주 해스컬 카운티에서 온 청년들이 이미 감염되어 있었고, 그들이 신병훈련소를 독감 바이러스 배양기로 만들었으리라는 게 가장 널리 인정되는 시나리오다.

미국 캔자스주의 신병훈련소에서 시작된 독감은 4월이 되자 배를 타고 미국 동부 해안과 프랑스 항구도시로 퍼졌다. 4월 중순 무렵에는 서부 전선의 참호에 이르렀고, 이후 프랑스 전역, 영국, 이탈리아, 스페인으로 번져갔다. 5월 말에는 스페인 국왕 알폰소 13세가 쓰러졌다.

그즈음에는 폴란드와 독일은 물론 러시아의 항구도시 오데사까지 환자가 속출했다. 북아프리카에도 환자가 출현했고, 5월이 다 지나기도 전에 독감은 인도까지 진출했다. 중국과 일본도 예외가 아니었다. 한반도에서 독감이 보도되기 시작한 것은 10월이 되어서였지만, 사실상 그 이전에 이미 상륙했을 것으로 보인다. 독감은 7월에 호주까지 도착했다. 여기까지가 독감 팬데믹 1차 물결이었다.

스페인 독감Spanish Influenza 은 1차 유행으로도 적지 않은 피해를 남겼지만, 그렇다고 전 세계를 공황에 빠뜨릴 만큼은 아니었다. 다만 군대는 상황이 달랐다. 독일군은 미군이 본격적으로 참전하기 전에 승기를 잡아야 한다는 생각에 서부 전선에 총공세를 펼치려 했다. 하지만 총공세는 초기의 소소한 승리에도 불구하고 결국 실패로 끝나고 말았다. 싸울 병사가 없었다. 양측이 마찬가지였다. 프랑스 군대의 4분의 3, 영국 군대의 절반이 독감에 걸려 비실거렸고, 독일군은 90만 명이 독감에 걸렸다.

독감은 봄이 지나면서 잦아드는 것 같았다. 그런데 8월 말 두 번째 물결이 퍼져나갔다. 2차 유행의 파고는 세 지점이 핵심적인 역할을 한 것으로 의견이 모인다. 플리머스에서 출항한 함대는 돌연변이를 일으켜 더욱 독성이 강화된 병원체 및 병사와 함께 미국 보스턴, 프랑스 브레스트, 그리고 서부 아프리카 프리타운에 도착했고, 이 세 지점에서 독감 대유행이 다시 시작되었다. 독감은 1차 유행보다 더 신속하게 전 세계로 퍼져나갔고, 치명률도 더 높았다. 10월 한 달 동안 미국에서만 19만 5,000명이 독감으로 사망했다.

식민지 조선에 이 독감이 본격적으로 상륙한 것도 바로 이 2차 유행 때로 보인다. 1918년이 무오년이었기 때문에 '무오년 독감'이라고 불렸는데, 한반도에서는 약 740만 명이 감염됐고, 14만 명가량이 목숨을 잃은 것으로 추정된다. 당시 인구가 1600만 명에서 1700만 명 정도였으니, 거의 절반에 가까운 이가 무오년 독감에 걸린 셈이었다.

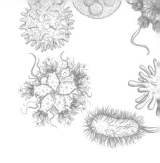

스페인 독감은 왜 젊은 사람에게
유독 치명적일까?

스페인 독감은 일반적인 계절성 독감과는 다른 독특한 특징을 보였다.
일반적인 독감이라면 아주 어리거나 나이가 많은 사람에게서 사망률이
높고, 젊은 사람의 사망률은 낮게 마련인데, 이 독감은 이른바 'W 곡선'
이라는 형태를 보였다. 스물다섯에서 서른다섯 사이의 젊은 사람들의
사망률이 매우 높았던 것이다. 환자들은 고열, 코피, 폐렴 등에 시달리다
가, 폐가 체액으로 가득 찬 채로 죽었다. 말하자면 익사했다. 과학자들은
수십 년이 지난 후에야 그 현상을 설명할 수 있었다. 바로 '사이토카인
폭풍cytokine storm'이라고 하는 현상이었다. 인체가 병원체에 공격을 받으
면 면역체계는 사이토카인이라는 물질을 만들어 염증 반응을 일으키는
방식으로 침입자를 물리친다. 그런데 사이토카인을 너무 많이 만들어내
면 건강했던 사람에게도 위험한 면역 과민 반응이 일어난다. 사이토카
인으로 과부하가 걸린 신체에는 심각한 염증이 생기는 것은 물론, 폐에

치명적인 체액이 쌓인다. 스페인 독감을 초래한 바이러스가 일으키는 현상이다. 이 때문에 면역체계가 활발히 작용하는 젊은 층이 더 크게 피해를 입는 것이다.

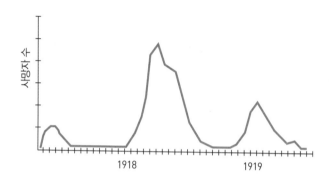

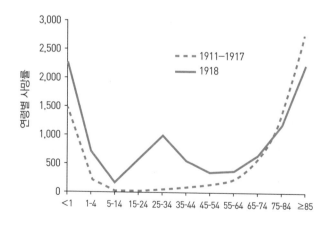

영국에서의 스페인 독감 유행 물결(위)

W 곡선을 그리는 스페인 독감의 연령별 사망률(아래)

'사이토카인',
약인가 독인가?

스페인 독감은 어지럼증과 불면증, 청각과 후각 상실, 시력 감퇴 등의 증상을 동반한다. 시신경에 염증을 일으켜 색채 지각을 손상한다. 그래서 환자가 의식을 되찾는 과정에서 시야가 흐리고 색이 바래져 보였다. 마치 외부 세계에서 색이 빠져나간 듯 창백하게 보이는 것이다. 스페인 독감에 걸렸다가 회복한 미국 작가 캐서린 앤 포터Katherine Anne Porter 는 이를 두고 "창백한 말과 기수pale horse, pale rider"란 표현을 썼다. 스페인 독감에 감염되면 피부가 창백해지면서 푸른빛을 띠었는데, 이 말은 환자들의 이런 모습도 함께 지칭했다. '죽음의 청기사', '푸른 죽음' 과 같은 표현도 여기서 나왔다.

이제는 익숙한 내용이지만 다시 한번 1918년의 팬데믹이 스페인 독감이라고 불리게 된 이유를 짧게나마 이야기하고 넘어가자. 제1차 세계대전 당시 참전국에서는 언론 검열이 심했다. 따라서 독감에 관한 보도도 제한되었다. 반면 중립을 선언했던 스페인에서는 그렇지 않았다. 알폰소 국왕의 감염 사실도 그대로 보도할 정도였다. 많은 사람이 스페인 언론을 통해 이 독감의 정체를 알게 되었고, 그런 사정으로 스페인 독감으로 불렸다. 그렇다면 스페인에서는 어땠을까? 원래는 프랑스 독감이라고 불렀고, 지금은 1918년 독감, 미국 독감, 시카고 독감 등으로 부른다. 하지만 이제는 특정 지역이나 민족, 종교 등에 부정적 낙인이 찍힐 수 있으므로, 어떤 질병에 지역 이름이나 사람, 동물 이름을 쓰지 말라고 권고한다. '우한 폐렴'이 아니라 코로나 19, 혹은 COVID-19로 부르는 것도 같은 이유에서다.

1918년 12월을 기점으로 치명적인 2차 유행이 지나갔지만, 독감의 기세는 완전히 꺾이지 않았다. 1919년, 3차 유행이 시작된 것이다. 3차 유행은 이번에는 방향을 바꿔 호주에서 시작해 유럽과 미국으로 전파되었다. 3차 유행도 2차 유행만큼이나 사망률이 높았지만, 이때는 전쟁이 끝난 후라 2차 유행 때만큼 확산 속도가 빠르지 않아 피해는 줄었다. 그렇게 스페인 독감은 전 세계적으로 5000만 명 이상을 죽이고 서서히 사그라들었다. 이는 제1차 세계대전 당시 전쟁터에서 사망한 병사 수보다 많은 숫자였다. 이 독감을 'Great Influenza'로, 대문자로 쓸 만했다.

오래전부터 인류는 어떤 질병이 창궐하면 그것이 어떤 이유로, 혹은 무엇 때문에 생겼는지를 밝히고자 애썼다. 미생물의 존재가 밝혀지기 전에는 신의 뜻이라든가, 행성의 배치 때문이라든가 하는 원인을 내세우기도 했고, 오랫동안 나쁜 공기를 원인으로 내세우는 미아즈마설이 과학적으로 제시되기도 했다. 안톤 판 레이우엔훅이 미생물의 존재를 처음 보고하고, 파스퇴르와 코흐가 세균병인론을 정립한 이후, 특히 감염질환과 관련해서는 그 원인이 하나둘 제대로 밝혀지기 시작했다. 이를테면 반복적으로 팬데믹을 일으키며 인류의 목숨을 앗아간 흑사병이나 콜레라와 같은 질병의 원인이 세균이라는 사실을 밝혀낸 것이다.

바이러스의 정체 규명을 방해한
의학자의 명성

스페인 독감의 정체는 무엇이었을까? 지금은 이 독감의 정체가 바이러스라는 사실이 자명하나 초기에는 스페인 독감의 원인을 둘러싸고 논쟁이 많았다.

과학자와 의학자 들은 처음에는 폐렴구균 Streptococcus pneumoniae 을 의심했다. 주된 증상이 폐렴과 비슷했으며, 적지 않은 환자에게서 폐렴구균이 발견되었기 때문이다. 그래서 당대 최고의 폐렴구균 연구자인 오즈월드 에이버리 Oswald Theodore Avery (폐렴구균을 이용하여 DNA가 유전물질임을 증명한 연구로 유명한 바로 그 에이버리다)를 비롯해 윌리엄 파크 William Hallock Park, 애나 웨슬리 윌리엄스 Anna Wesley Williams, 루퍼스 콜 Rufus Cole 등이 폐렴구균 백신을 개발하고, 항혈청을 만드는 등 독감을 예방하고 치료하고자 혼신의 힘을 다했다. 하지만 폐렴구균은 독감의 원인 병원체가 아니었다. 오해할 만한 이유는 있었다. 바이러스에 감염되면 폐렴구균을 방어하는 섬모세포 ciliated cell 가 훼손되어 세균 감염이 쉽게 일어난다. 또 폐렴구균에 의한 2차 감염이 스페인 독감 감염자들의 사망률을 높이는 데 큰 역할을 했다는 연구도 있다. 따라서 폐렴구균을 타깃으로 한 예방과 치료로 2차 감염이 줄었고, 사망률도 어느 정도는 줄었을 것으로 평가하기도 한다.

다음으로 물망에 오른 것은, 역시 세균인 헤모필루스 인플루엔자 Haemophilus influenzae 였다(당시에는 Bacillus influenzae라는 학명으로 불렸다).

이 세균이 스페인 독감의 원인균이라고 가장 강력히 주장한 이는 세균학의 태두인 로베르트 코흐의 사위이자 자신 역시 저명한 세균학자로 인정받고 있던 리하트르 파이퍼 Richard Pfeiffer 였다. 그는 스페인 독감이 발생하기 한참 전인 1892년 독감을 일으키는 '흥미로운' 원인을 찾아냈다고 발표하고 그 세균에 '독감influenzae'이라는 이름을 붙였다. 과학자들은 이 세균을 '파이퍼균Pfeiffer's bacillus'이라고 불렀다. 참고로, 독감을 일컫는 인플루엔자란 용어는 라틴어에서 유래한 이탈리아어 'influenza coeli', 즉 '하늘의 영향'이라는 말에서 왔다.

자신이 발견한 세균이 스페인 독감의 원인이라는 파이퍼의 주장에 과학자들이 반대하기는 힘들었다. 장인의 권위는 그만큼 대단했다. 실제로 1918년 10월 영국 북아일랜드에 위치한 퀸즈 대학교의 길포드 리드Guilford Reed 가 스페인 독감 환자 70명을 비인두 면봉으로 조사한 결과, 환자의 94퍼센트에서 이 세균이 나오기도 했다.

파이퍼의 권위와 명성에 따른 굴복은 부정적인 영향을 끼쳤다. 그는 파이퍼균이 독감의 원인이라고 굳게 믿었기에 "그 세균이 없다면 독감도 있을 수 없다"라고 했고, 환자에게서 파이퍼균이 발견되지 않으면 "독감이 아니"라고 여겼다. 결국 그의 주장은 틀린 것으로 판명 났지만, 파이퍼균이 독감의 원인균이라는 믿음은 오래갔다. 1928년 페니실린 penicillin 을 처음 발견한 알렉산더 플레밍 Alexander Fleming 도 자신이 발견한 물질(즉, 페니실린)이 감염 치료보다 파이퍼균을 다른 세균과 구분하는 데 쓰임새가 많을 것으로 보았다.

스페인 독감 환자에게서 파이퍼의 인플루엔자균을 찾고, 이 균의 백신과 항혈청을 개발하려는 수많은 연구가 실패로 돌아가면서 의심이 싹텄다. 인플루엔자균이 스페인 독감 환자에게서 발견되는 이유가 폐렴구균처럼 2차 감염 때문 아닌지 생각하게 된 것이다. 그렇다면 남은 것은 아직 정체가 확실하게 밝혀지지 않은 채 '여과성 병원체'라고 불리는 존재뿐이었다. 사실 스페인 독감 2차 유행이 시작될 무렵부터 파이퍼의 주장을 의심한 과학자들이 있었지만, 별다른 증거가 없었다.

상당한 시행착오를 겪으면서도 과학자들은 포기하지 않았고, 결국 1930년대에 이르러서야 스페인 독감의 원인이 바이러스라는 사실이 밝혀지고 인정받게 되었다.

---

* 세균은 여과지에 걸러지는 데 반해, 이 병원체, 즉 나중에 바이러스로 밝혀지는 이 존재는 여과지로도 걸러지지 않아서 '여과성 병원체'라 불렸다.

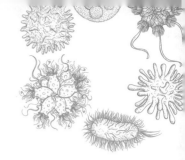

항원변이, RNA를 유전물질로
이용하는 것의 위험성

스페인 독감의 병인이 바이러스라는 사실은 1931년 미국의 리처드 쇼프Richard E. Shope 가 돼지 독감과 1918년 독감 사이의 연관성을 밝혀내면서 인정받았다. 하지만 독감에 걸린 돼지에서 분리한 바이러스를 다시 돼지에 주사했을 때 경미한 증상만 나타나는 바람에 독감이 바이러스성 감염이라는 사실을 확실하게 입증할 수 없었다. 쇼프는 포기하지 않고 영국의 윌슨 스미스Wilson Smith , 크리스토퍼 앤드루스Christopher Andrews , 패트릭 레이드로Patrick Laidlaw 와 손을 잡았다. 그들은 돼지가 아니라 다른 동물을 사용했다. 바로 패럿이었다. 패럿은 털족제비의 일종으로 요즘엔 반려동물로 키우는 사람도 있고, 동물실험에도 종종 이용된다. 그들은 패럿에 쇼프가 분리한 바이러스를 주사했다. 그랬더니 패럿이 콧물과 고열 등 독감 증상을 그대로 보였다. 결정적인 증거는 연구자의 조심스럽지 않은 행동에서도 나왔다. 독감에 걸린 패럿이 스미스 앞에서 재채기를 했는데, 스미스가 독감에 걸린 것이다. 스미스에게서 분리한 바이러스는 A/WS/1933이라고 불리며(A는 균주 A를 의미하고 WS는 Wilson Smith를, 1993는 이 바이러스를 분리한 해를 말한다) 이후 백신 개발에 널리 사용되었고, 여전히 실험실에서 이용되고 있다. 이런 과정으로 독감의 감염원이 바이러스라는 사실이 인정받게 되었다.

그렇다면 정말로 스페인 독감을 일으킨 바이러스의 정체는 무엇일까? 이는 한 연구자의 평생에 걸친 집념 어린 노력으로 밝혀졌다. 요한 훌틴Johan Hultin 이라는 스웨덴 청년의 이야기다. 1951년 스웨덴에서 미국 아이오와 대학으로 유학 온 스물다섯 살의 청년 훌틴은 스페인 독감의 실체를 규명하겠다고 기세 좋게 나섰다. 꽁꽁 언 시체에서 독감 바이러스를 얻어 분석하면 되지 않겠느냐고 단순하게 생각했던 것이다. 그래서 그는 알래스카의 브레비그 미션Brevig Mission 이라는 곳으로 향했다. 그곳에서는 1918년 거주자의 대부분인 72명이 스페인 독감으로 목숨을 잃고, 인근 언덕 영구동토층에 매장되어 있었다. 그는 얼어 있는 시체를 발굴하고 시신에서 폐조직 시료를 채취하는 데는 성공했지만 시료에서 바이러스를 배양하는 데는 실패했다. 영구동토층이라고는 하지만 계절이나 시기에 따라 녹고 어는 상태가 반복되면서 바이러스가 죽었을 가능성이 컸다(죽었다기보다는 단백질이 모두 파괴되었다고 표현해야 더 옳긴 하다). 그렇게 청년 훌틴의 야심은 실망으로 되돌아왔고, 포부만 간직한 채 40여 년이 흘렀다.

1997년 은퇴한 과학자 훌틴은 《사이언스》지에 실린 논문 하나를 읽게 된다. "1918년 스페인 독감 바이러스에 대한 초기 유전자 분석"이라는 제목의 논문이었다. 미군 병리학연구소의 바이러스학자 제프리 토벤버거 Jeffery Taubenberger 가 첫 번째 저자였다. 그는 스페인 독감 희생자의 사체에서 바이러스의 RNA(그렇다! 독감 바이러스는 RNA를 유전물질로 이용한다)를 얻은 후, 당시 실용화된 지 얼마 안 된 PCR 방법으로 헤마글루티닌 hemagglutinin (혈구응집소)과 뉴라미니데이스 neuraminidase (뉴라민 가수분해효소) 등의 유전자를 증폭해 분석했다. 그가 헤마글루티닌과 뉴라미니데이스 유전자를 분석한 것은 어찌 보면 당연했는데, 인플루엔자 바이러스를 구분하는 기준이 바로 이 두 유전자 종류이기 때문이다. 토벤버거는 최신의 연구 기법으로 스페인 독감 바이러스가 **H1N1 A형 독감 바이러스**임을 확인했다.

　　이만하면 다 밝혀진 것 아닌가 싶지만, 토벤버거가 확보한 시료는 훼손이 심했고 따라서 유전 정보도 일부만 분석할 수 있었다. 좀 더 확실한 증거가 있어야 더 많은 사람을 설득할 수 있을 터였다. 토벤버거의 논문을 읽은 노^老 과학자 훌틴은 젊은 시절의 열정이 살아났다. 게다가 그는 확실한 시료가 있는 곳을 알았다. 그는 토벤버거에게 연락해 자신이 1918년 독감의 확실한 희생자의 폐조직을 가져오면 분석할 의향이 있는지 물었다. 의욕 있는 연구자라면 답변을 망설일 필요가 없었다. 훌틴은 다시 한번 알래스카 브레비그 미션을 찾았고(토벤버거는 정부 연구비를 신청해서 다음 해에 함께 가자고 했지만, 훌틴은 사비로 바로 다음 주에 떠났다), 무사히 시료를 채취해서 미군 병리학연구소로 보냈다. 열흘 후 훌틴은 H1N1 A형 바이러스가 감염원이 맞다는 토벤버거의 전화를 받는다. 수천만 명을 죽인 병원체의 정체가 80년 만에 밝혀진 것이다.

인플루엔자바이러스만의
독특한 특징

독감 바이러스, 또는 인플루엔자바이러스influenza virus 는 오르토믹소바이러스과Orthomyxoviridae 에 속한다. 발견된 순서대로 A, B, C, D형으로 나뉜다. C형과 D형은 사람에게는 거의 감염을 일으키지 않는다. B형은 유행성 독감을 일으키지만 증상이 심하지 않다. 문제는 바로 A형 인플루엔자바이러스로, 높은 유병률과 사망률을 야기한다. 스페인 독감을 일으킨 바이러스가 이 유형에 속한다.

인플루엔자바이러스를 전자현미경으로 보면 길고 가는 꽃대 끝에 여러 개의 작은 꽃이 촘촘하게 모인 형태로 마치 민들레 한 송이처럼 보인다(마크 호닉스바움Mark Honigsbaum 이 《대유행병의 시대》에서 쓴 표현이다). 여기서 가는 꽃대에 해당하는 것이 헤마글루티닌, 즉 혈구응집소다. 말 그대로 적혈구를 응집하는 기능을 하고, 흔히 HA(혹은 H)로 줄여 쓴다.

바이러스가 몸속으로 들어오면 이 단백질이 기도의 상피세포 표면에 있는 수용체에 결합한다. 헤마글루티닌에 결합하는 수용체는 세포막에 결합되어 있는 시알산sialic acid 부위로 알려져 있다. 바이러스 구조에서 윗부분에 사각형으로 버섯처럼 튀어나와 있는 부분은 뉴라미니데이스, 즉 뉴라민가수분해효소로 되어 있다. 말 그대로 뉴라민이라는 물질을 분해하는 강력한 효소로, NA(혹은 N)로 표기한다. 뉴라미니데이스는 성숙한 바이러스 입자와 결합하는 당을 잘라내어 감염된 세포가 자손 바이러스를 방출하도록 한다. 즉 인플루엔자바이러스는 HA와 NA가

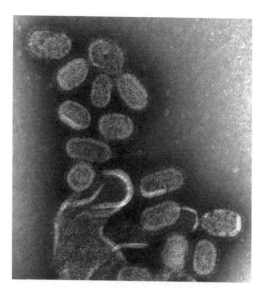

인플루엔자바이러스의 전자현미경 사진

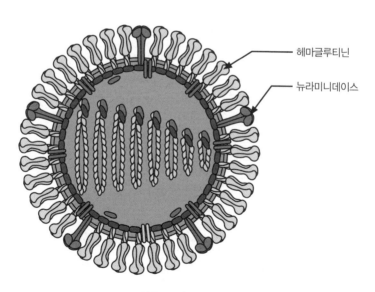

헤마글루티닌

뉴라미니데이스

인플루엔자바이러스의 구조

전쟁보다 사람을 많이 죽인 바이러스는?

함께 작용해 상피세포를 공격하고 인체 면역을 회피하면서 몸속으로 침입한다.

A형 인플루엔자바이러스의 HA와 NA는 여러 아형이 존재하는데, 그 종류에 따라 인플루엔자바이러스의 종류를 나눈다. 지금까지 HA는 열여덟 가지, NA는 열한 가지가 발견되었다. 산술적으로 계산해보면 총 198종류의 A형 인플루엔자바이러스가 존재할 수 있는 셈이다(실제로 그렇진 않다. 지금까지 발견된 바로는). 그중에서도 스페인 독감을 일으킨 바이러스는 H1N1이라는 얘기다.

바이러스도 단백질 껍질 속에 유전물질을 가진다. 단 몇 종류에 불과하고, 나머지 필요한 유전물질은 숙주의 유전자를 탈취해서 이용한다. 인플루엔자바이러스는 앞서 얘기한 대로 단일 가닥의 RNA를 유전물질로 사용한다. 그런데 독특하게도 인플루엔자바이러스는 여덟 개의 음성 단일가닥 RNA(PB1, PB2, PA, HA, NP, NA, M, NS)가 따로 존재한다. 이를 분절유전체 segmented genome 혹은 분리유전체 split genome 라 하는데 이런 경우는 바이러스에서도 드물다. 이들 RNA 조각들은 각각 한 종류의 단백질을 만들기도 하지만 스플라이싱 splicing , 즉 RNA끼리 서로 다른 부분을 이어 연결되는 방법을 이용해서 두 종류의 단백질을 만들기도 한다.

인플루엔자바이러스는 유전물질을 복제하는 방식에서도 독특한 특성을 갖는다. 다른 RNA 바이러스들과는 달리 숙주세포의 핵 속에서 복제가 이뤄지는 것이다. 앞서 얘기한 대로 인플루엔자바이러스의 껍질에 존재하는 헤마글루티닌은 숙주세포의 세포막에 존재하는 세포 수용체와 결합해서 세포질 내로 들어가는데, 그곳에서 바로 복제가 일어나지 않고 세포의 핵 안으로 들어간 이후에 복제가 이루어진다. 핵 속에서 복제된 유전물질은 세포질로 이동한 후에 숙주세포의 유전자들에서 만들어진 물질들을 이용해 한꺼번에 엄청난 양의 새로운 바이러스 입자를 조립한다.

그렇다면 인플루엔자바이러스가 RNA를 유전물질로 이용한다는 것은 어떤 의미일까? RNA는 DNA에 비해 불안정한 물질이다. 또한 숙주세포는 RNA에 오류가 생겼을 때 오류를 고치는 교정 메커니즘이 없기 때문에 숙주세포 내에서 복제가 진행될 때 오류가 생길 가능성이 크다. 특히 바이러스 표면의 단백질, 즉 인플루엔자바이러스의 헤마글루티닌과 뉴라미니데이스에 변이가 쉽게 생긴다. 이를 항원소변이 antigenic drfit 라고 하는데, 변이가 잘 생긴다는 것은 한 번 독감에 걸렸다가 회복되어 항체가 만들어지더라도 다음 독감에는 무용지물일 가능성이 크다는 얘기다. 독감 예방 백신을 매년 맞아야 하는 것도 이러한 이유에서다. 그마저도 그해에 유행할 독감을 예측해서 몇 가지 인플루엔자바이러스에 대한 백신을 만드는 터라 100퍼센트 장담은 하지 못하는 실정이다.

인플루엔자바이러스는 앞서 얘기했듯 분절유전체로, 바이러스끼리 서로 분리된 유전체를 교환할 수 있다. 이를 항원대변이 antigenic shift 라고 하는데, 항원대변이는 서로 다른 종류의 바이러스에 함께 감염되어 있는 중간매개 숙주에서 일어난다. 항원대변이 현상이 벌어지면 완전히 새로운 바이러스가 만들어질 수 있다. 그렇게 되면 새로운 바이러스 조합에 준비되어 있지 않은 인체의 면역체계는 전혀 대응하지 못한다. 어쩌면 1918년의 인플루엔자바이러스가 이렇게 만들어졌을 수도 있다.

현재도 그런 일이 벌어질 수 있다. 우리가 특히 조류 인플루엔자Avian influenza 바이러스에 걱정스러운 눈길을 보내고, 감시하는 이유가 바로 그 때문이다. 지금은 조류 인플루엔자가 사람에게는 감염력이 떨어지지만 어떤 변이가 일어나 사람에게 감염되는 치명적인 바이러스가 생겨날지 모른다.

끝나지 않은
바이러스의 영향력

스페인 독감은 제1차 세계대전이 아니었다면 그렇게 급속도로 전세계로 퍼지지 않았을 것이다. 그러나 반대로 스페인 독감이 전쟁에 미친 영향도 적지 않았다.

1918년 봄 협상국의 일원이었던 러시아가 혁명과 질병 등 여러 문제로 전쟁에서 빠지면서 독일은 서부 전선에서 총공세를 펼칠 수 있었다. 미군이 본격적으로 참전하기 전에 승리를 거둘 수도 있었다. 하지만 초여름부터 스페인 독감이 독일 병영을 덮쳤다. 사단마다 수천 명의 환자가 발생했고, 병사들은 기력을 잃었다. 그사이 미군이 유럽에 도착했고 전황이 바뀌었다. 결국 전쟁은 협상국의 승리로 끝났다.

인플루엔자바이러스의 역할은 거기서 끝나지 않았다. 인플루엔자바이러스는 종전 협상장에서도 활약했다. 종전 협상을 위해 파리에 머물던 미국의 우드로 윌슨 대통령이 감염된 것이다(미국 정부와 백악관은 대통령의 병세를 은폐했기 때문에 정확히는 알 수 없다). 이후 다행히 회복되었지만, 그 전에 협상의 전권을 프랑스의 조르주 클레망소 Georges Clemenceau 총리에게 위임했다. 프랑스는 독일로부터 입은 막대한 피해에 따른 복수심이 엄청났다. 클레망소는 독일을 강력하게 단죄하기로 마음먹었다. 그와 프랑스 대표단은 베르사유 궁전 '거울의 방'에서 엄청난 전쟁 배상금, 탄광 지대로 유명한 알자스-로렌 지방의 반환, 공군의 해산과 육군 병력 제한, 식민지 포기 등 독일에 가혹하기 이를 데 없는 조항을 강요했다. 영국 측 대표단의 일원으로 참여한 경제학자 존 메이너드 케인스 John Maynard Keynes 가 향후 이 조약이 문제가 될 것을 예견할 정도였다.

실제로 케인스의 예견은 현실이 되었다. 가혹한 배상 탓에 경제난에 시달린 독일에서는 외국에 대한 반감과 함께 국가주의가 싹텄고, 혼란스러운 정세가 지속되었다. 이 틈을 타 히틀러의 나치는 독일 국민 사이에 파고들어 정권을 잡았고, 세계는 다시 한번 전쟁을 치러야 했다. 그저 단백질 덩어리처럼 보이는 작디작은 바이러스가 관여한 일이라고 하기엔 너무나도 막대한 일이었다. 보잘것없어 보이는 세균이나 바이러스가 사람을 감염시켜 괴롭히고, 수많은 목숨을 앗아가며, 심지어는 인류의 존재마저 위협했다.

감염병에 철저히 대비해야 한다는 팬데믹의 교훈은 100년 전의 스페인 독감에서만 얻을 수 있는 게 아니다. 이 책의 다른 장에서 소개한 다른 사건들에서는 물론이고, 당장 코로나 19 팬데믹을 거치면서도 우리는 뼈저리게 배웠다. 물론 실수도 있었고, 그래서 커다란 피해를 입기도 했지만, 우리는 어떻게든 대처하며 극복해왔다.

세균과 바이러스는, 혹은 다른 병원체는 앞으로도 인류를 위협할 것이다. 문제는 그게 무엇일지 누구도 알지 못한다는 점이다. 지금까지의 경험에서 배우고, 제대로 대비하고 대처하지 못한다면 훗날에도 감염병의 위협을 너끈히 이겨낼 수 있으리라고 장담하지 못한다. 우리는 더욱 철저한 연구로 대비를 해야 한다. 이를 위해 능동적 지혜와 협력이 필요하다.

이 책을 읽고 있는 독자들에게 하나만 더 부탁하자면, 스페인 독감을 비롯한 질병의 정체를 규명하려고 오랜 시간 연구를 거듭하고, 끝내 밝혀낸 집념의 과학자들이 있다는 사실을 기억해주기를 바란다.

포스트 항생제 시대, 미생물과 어떻게 살아가야 할까?

페니실린과 푸른곰팡이

아름다운 산책은 우체국에 있었습니다
나에게서 그대에게로 가는 편지는
사나흘을 혼자서 걸어가곤 했지요
그건 발효의 시간이었댔습니다
가는 편지와 받아볼 편지는
우리들 사이에 푸른 강을 흐르게 했고요

그대가 가고 난 뒤
나는, 우리가 잃어버린 소중한 것 가운데
하나가 우체국이었음을 알았습니다
우체통을 굳이 빨간색으로 칠한 까닭도
그때 알았습니다 사람들에게
경고를 하기 위한 것이겠지요[10]

이문재, 〈푸른 곰팡이〉, 《산책시편》

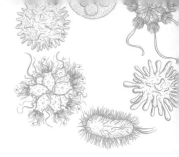

한 나라 대통령과 평범한 병사들의
생과 사를 가른 발견

이문재 시인은 〈푸른 곰팡이〉라는 시에서 곰팡이가 무척이나 현대적인 삶에서 배척받는 존재라고 전제한다. 그런데 우리가 맘껏 자랑스러워해도 좋은 BTS의 〈세렌디피디 Serendipity〉라는 노래의 가사를 보면 푸른 곰팡이가 또 다른 의미로 다가온다. 연인을 '푸른곰팡이'로 부르며, '날 구원해준 나의 천사'라고 하는 것이다. 눅눅하고 어두운 곳에서 자라는 곰팡이를 천사와 같은 격에 놓는 것이 왠지 부자연스러워 보일지도 모른다.

하지만 정말로 푸른곰팡이는 인류에게 천사였다. 푸른곰팡이가 만들어낸 페니실린이, 이후 과학자들이 발견하고 개발한 항생제가 살려낸 목숨은 셀 수 없다. 아마 내가 이처럼 컴퓨터 앞에 앉아 이 이야기를 쓸 수 있는 것도, 여러분이 이 책을 읽을 수 있는 것도 어느 시점에 할아버지나 할머니, 아버지, 어머니가 항생제로 목숨을 건진 덕분일지도 모른다. 미생물이 다른 미생물에 대응하기 위해 만들어내는 항생제는 한 개인의 미래, 나아가 인간의 미래를 바꿨다.

60년을 사이에 둔
가깝고도 먼 두 사건

그는 중요한 업적을 남긴 훌륭한 대통령으로 기억될 수도 있고, 온갖 실책으로 점철된 형편없는 대통령으로 남았을 수도 있다. 아니면 무색무취한 정치인으로 겨우 몇 사람이나 기억하는 흔적 없는 대통령일수도 있다. 대부분의 사람은 그를 취임 6개월 만에 별 특별한 이유도 없이 한 남성에게 총격을 받아 숨진 불행한 대통령으로 기억한다. 제20대 미국 대통령 제임스 가필드James Abram Garfield 얘기다.

건장한 풍채에 연한 푸른 눈을 가진 가필드는 남북전쟁에서 장교와 장군으로 활약하고, 전쟁 이후에는 연방하원의원과 상원의원을 지내는 등 정치 경험이 풍부했음에도 대통령에 당선되었을 당시 나이는 겨우 마흔아홉이었다. 강인한 의지와 훌륭한 지성에, 의욕도 넘치는 대통령이었다. 북부 출신으로 남부에 보수적인 생각을 가지기도 했지만, 나중에는 남부 주의 복권復權 시도를 찬성하는 등 균형 잡힌 시각을 가진 인물이었다고 평가된다.

1881년 7월 2일 가필드는 정서적으로 불안했던 찰스 기토Charles Julius Guiteau 라는 남자에게 총격을 받고 쓰러졌다. 대통령에 당선된 후 처음으로 맞은 휴가에 오하이오주 자신의 농장으로 기차를 타고 갈 예정이었다. 기차를 타기 위해 워싱턴 DC의 볼티모어 앤드 포토맥 역에 도착해서 역사 안으로 들어가던 중 일이 벌어졌다.

가필드는 급히 병원으로 옮겨져 수술을 받았지만 의사들이 총알의 위치를 바로 찾지 못했다. 나중에 보니 총알은 척추나 동맥, 다른 주요 장기를 피해 췌장 옆 지방조직에 박혀 있었다고 한다. 총상 자체는 치명적이지 않았다. 뉴욕 중심부에 세워진 커다란 게시판에는 가필드의 상태에 대한 낙관적 전망이 자주 실렸다. 가필드는 80일 동안이나 죽음에 맞서 싸웠다. 하지만 결국 그해 9월 19일 50번째 생일을 몇 주 앞두고 눈을 감았다.

공식적인 사망 원인은 총상으로 알려졌지만, 실제 가필드를 죽음으로 몰고 간 원인은 총상 부위에서 시작된 병원균에 의한 감염이라고 보는 견해가 많다. 총상이 제대로 처치되지 못한 상태에서 소독하지 않은 손과 수술 도구로 몸을 헤집어놓아 병원균이 활개를 친 것이 쉰 살도 채 되지 않은 대통령의 죽음을 재촉했다는 것이다. 당시에는 감염을 치료할 확실한 방법이 없었다.

가필드가 세상을 떠나고 60년 가까이 지난 후 세계는 전쟁의 포연으로 뒤덮였다. 독일과 이탈리아, 일본을 중심으로 한 추축국이 제2차 세계대전을 일으켰다. 제1차 세계대전 후 맺은 베르사유 조약에서 독일에 가한 혹독한 조건이 세계 평화를 위협할 거라는 케인즈의 예상이 맞아떨어졌다.

전쟁 초기 독일은 프랑스를 비롯한 유럽을 거의 점령하다시피 했다. 동쪽으로는 소련의 모스크바까지 진출했고, 바다를 건너 영국 본토까지 공격했다. 영국은 그야말로 풍전등화, 바람 앞의 촛불과 같은 위기에 놓였다. 영국 총리 윈스턴 처칠 Winston Churchill 의 간절한 호소에 미국 대통령 프랭클린 루스벨트 Franklin Roosevelt 는 법을 새로 제정해 항공기와 군함을 비롯해 전차와 기관총 등을 연합국에 지원했고, 1941년 12월 일본의 진주만 공습을 기화로 참전을 선언했다. 미국의 참전으로 연합군은 일방적으로 수세에 몰리던 상황에서 벗어나 차츰 공세로 전환할 수 있었지만, 결정적인 승기를 잡지는 못한 상태였다. 전쟁이 교착에 빠져 있던 1943년 11월 연합국의 루스벨트, 처칠, 이오시프 스탈린 Joseph Stalin , 이른바 삼거두 Big Three 가 이란의 테헤란에서 만났다. 이 회담에서 스탈린은 전세를 완전히 역전시킬 상륙작전을 제안했다.

1944년 6월 6일 오랜 준비 기간을 거쳐 미군과 영국을 비롯한 8개국의 연합군이 프랑스 노르망디 해안에 기습 상륙을 감행한다. 바로 그 유명한 노르망디 상륙작전인데, 연합국에서 동원된 병력만 해도 15만 6,000명에 달하는 역사상 최대 규모였다. 이제는 일상적으로 널리 쓰이는 말인 '디데이 D-day '는 당시 상륙작전 개시일인 6월 6일을 가리키는 암호명이었다.

생명을 살리는
'기적의 약'의 상륙

상륙작전은 대성공이었다. 독일군을 속일 기만전술까지 썼고, 기상 상태가 나쁘다는 예보에 작전 취소까지 고려했지만, 결국 과감한 실행으로 독일군을 패퇴시키고 전쟁의 승기를 완전히 연합국 쪽으로 돌리는 데 성공했다. 이 작전의 성공에는 물론 연합국 수장들과 연합군 총사령관 아이젠하워 Dwight D. Eisenhower 의 결단이 중요한 역할을 했다. 하지만 그들의 승리는 전쟁터에 뿌려진 수많은 장병의 목숨을 대가로 얻은 것이기도 했다.

그런데 노르망디에서, 나아가 연합군이 승기를 잡는 과정에서 이제 막 개발된 약 하나가 병사들의 사기는 물론 목숨까지 살려내는 큰 역할을 했다. 부상병의 생명을 구하는 놀라운 약으로 소문이 돌던 페니실린이 노르망디 해안에 연합군 병사들과 함께 상륙하고 있던 것이다. 페니실린 주사액 수백만 개가 병사들의 뒤를 받치고 있었다.

페니실린 이전만 하더라도, 그러니까 제2차 세계대전 중반까지만 하더라도 전쟁에서 총에 맞거나 포탄 파편으로 직접 사망하는 경우보다 상처에 생긴 세균 감염으로 죽는 경우가 훨씬 많았다. 그런데 페니실린이란 항생제의 개발이 전투 중 부상으로 목숨이 위태롭던 수많은 장병을 살려냈다. 페니실린은 '기적의 약'이라는 별명을 얻었는데, 노르망디 상륙작전이 성공하고 얼마 지나지 않은 8월 14일 자 《라이프》지에 실린 페니실린 광고만 보더라도 성과가 어느 정도였는지 짐작이 간다.

광고의 그림은 다리를 다친 부상병의 왼쪽 팔에 위생병이 주사를 놓는 장면을 보여준다. 우측 상단의 원 안에는 세균이 그려져 있다. 이 부상병은 전쟁터의 더러운 환경에서 부상당한 부위가 감염될 위험에 놓여 있다. 부상병과 위생병 위에는 "페니실린 덕분에, 그는 집으로 돌아올 거예요! Thanks to Penicillin, He Will Come Home! "라는 문구가 크게 쓰여 있

1944년 8월 《라이프》지에 실린 페니실린 광고

다. 길게 부연 설명할 필요가 없다. 이 부상병이 페니실린 주사를 맞고 살아날 수 있을 거라는 약속이다. 그림 아래에는 다음과 같이 적혀 있다.

이 전쟁의 천둥 같은 전투가 역사책의 무언의 페이지로 사라질 때, 제2차 세계대전의 가장 큰 뉴스가 될 사건은, 파괴하는 사악한 비밀 무기가 아니라 생명을 살리는 무기의 발견과 개발일 것입니다. 그 무기는 물론 페니실린입니다.

페니실린은 매일 머나먼 최전선에서 믿을 수 없는 치유 효과를 발휘하고 있습니다. 페니실린 없이는 기회가 없었을 수천 명의 남성이 집으로 돌아올 것입니다. 더 고무적인 점은 이제 이 귀중한 약이 민간용으로 사용이 가능해 모든 연령대의 환자들을 살릴 수 있으리란 점입니다.

한쪽은 한 나라의 대통령이었고, 다른 한쪽은 우리가 이름도 기억하지 못하는 평범한 병사들이었다. 하지만 대통령은 죽었고, 이름도 제대로 알려지지 않은 수많은 병사는 부상을 딛고 고향으로 돌아갔다. 항생제는 그저 대통령 한 명과 세계대전에 참전한 병사들의 운명만 바꾼 것이 아니다. 지금 이 순간에도 항생제가 없었다면 삶과 죽음 사이의 추가 한쪽으로 기울어졌을 이들이 별걱정 없이, 삶이 이어질 것을 굳게 믿으면서 살아가고 있다. 지금 이 글을 쓰고 있는 나도 마찬가지다.

곰팡이 속 미생물이
치료제가 되기까지의 여정

1928년 알렉산더 플레밍이 푸른곰팡이에서 페니실린을 발견했다는 사실은 많은 사람이 알고 있다. 이 발견이 어떤 우연한 관찰에 따른 것이었다는 전설 같은 이야기도 적지 않은 사람이 알고 있다. 페니실린을 약으로 개발하는 일은 플레밍이 아니라 옥스퍼드 대학의 하워드 플로리 Howard Walter Florey , 언스트 체인 Ernst Boris Chain , 노먼 히틀리 Norman Heatley 등이 주도했다는 것도 잘 알려진 사실이다. 페니실린 발견과 개발에 관한 얘기는 내 이전 작품《세상을 바꾼 항생제를 만든 사람들》과《세균에서 생명을 보다》에서 꽤 자세히 다루었으므로 여기서는 다른 이들에게 눈길을 돌려보려고 한다.

먼저 앨버트 알렉산더 Albert Alexander 라는 경찰 이야기다. 그는 페니실린을 가장 먼저 처방받은 사람이다. 페니실린을 발견하고 논문을 발표한 플레밍이 다리가 다친 후 감염된 한 여성 환자와 폐렴균에 감염된 실험 조수를 푸른곰팡이 여과액으로 치료하려고 시도했다고 하지만, 그는 단지 페니실린을 포함할 것으로 여겨지는 곰팡이 여과액을 이용했을 뿐이었다. 플레밍은 페니실린을 약으로 쓸 만큼 순수하게 정제해내지 못했고, 약으로 개발하려는 시도마저 금방 그만두었다. 그가 논문을 발표하고 10년이 지나 논문이 잊힐 즈음 플로리를 중심으로 한 옥스퍼드 대학의 연구팀이 많은 실패를 딛고 페니실린을 약으로 쓸 만큼 정제해내는 데 성공했다.

플로리 연구팀은 페니실린을 안정된 갈색 분말로 정제해냈다. 이 분말은 시험관에서 100배로 희석한 후에도 강력한 효과를 보였고 생쥐를 대상으로 한 실험에서도 기적 같은 효능이 나타났다. 다음 단계는 진짜 환자를 대상으로 한 실험이었다(물론 지금과 같이 복잡한 절차가 필요하진 않았다). 아직 그 효능이 증명되지 않았고 부작용도 의심되었기에 거의 죽음을 앞둔 환자라야 했다. 그 첫 환자가 바로 1941년 당시 마흔세 살이던 경찰관 앨버트 알렉산더였다.

알렉산더는 옥스퍼드 대학이 위치한 옥스퍼드 카운티의 경찰이었다. 얼마 전까지만 하더라도 장미 가지치기를 하다 가시에 볼이 긁혀 세균에 감염되었다고 알려졌었다. 나도 강의시간에 그렇게 소개하곤 했는데, 최근 유족의 증언에 따르면 실제로는 독일 공군의 폭격 때문이었다고 한다. 돌이켜 생각하면 절체절명의 전시 상황에서 한가로이 장미의 가지를 치다가 감염되었다는 얘기는 정말 그럴듯하지 않다.

그는 포도상구균*Staphylococcus*과 연쇄상구균*Streptococcus*에 동시에 감염되었고, 여러 차례의 치료에도 불구하고 감염이 심해져 얼굴 전체가 농양으로 뒤덮였다. 결국 한쪽 눈을 제거해야 했고, 폐에도 패혈증이 생겼다. 1941년 2월 12일 연구진은 알렉산더의 정맥에 페니실린 200단위에 해당하는 160밀리그램^{mg}을 주사했다. 페니실린 치료 후 24시간도 안 되어 체온이 떨어졌고, 식욕도 회복되었으며, 감염도 차도를 보였다. 그런데 약이 모자랐다. 연구진은 알렉산더의 오줌에서 다시 페니실린을 추출해서 투여하는 방법을 썼는데, 그마저도 5일 만에 전부 소진되어 버렸다. 효과가 분명함에도 페니실린이 더는 그들 손에 없었고, 알렉산더는 3월 15일 사망하고 말았다. 알렉산더는 죽었지만 플로리를 비롯한 옥스퍼드 대학 연구진은 페니실린의 효능을 더욱 확신했다.

플로리와 히틀리는 페니실린을 대량 생산할 방안을 모색하기 위해 대서양을 건너 미국으로 갔다. 당시 영국은 모든 국력을 독일과의 전쟁에 집중하던 터라 그들의 연구를 뒷받침할 여력이 있는 기관이 없었다. 그들은 미국에서 정부 연구기관과 민간 연구재단, 제약회사 등과 협력하여 페니실린 생산력이 더 좋은 곰팡이를 찾아냈고, 추출 방법도 개선하여 페니실린을 실용적인 약으로 만들어냈다.

페니실린
대량 생산의 시작

페니실린을 처음 처방받은 사람이 알렉산더라면, 페니실린으로 처음 살려낸 사람은 누구일까? 플로리 연구팀은 알렉산더 치료에 실패한 후, 적은 양의 페니실린을 투여해도 되는 어린이를 대상으로 임상시험을 진행했고 효과를 보았다. 하지만 공식적으로 제약회사에서 생산된 페니실린으로 목숨을 건진 사람(따라서 정확히는 미국에서 처음 치료받은 사람)으로 인정받는 이는 앤 밀러 Anne Sheafe Miller 라는 미국인이다.*

1999년 6월 9일 자 《뉴욕 타임스》지에는 "앤 밀러, 90세, 페니실린으로 목숨을 건진 최초의 환자"라는 제목의 기사가 실렸다. 그녀가 그해 5월 27일 코네티컷주 솔즈베리에서 사망했다는 내용이었다.

1942년 3월 간호사로 일하던 서른세 살의 앤 밀러는 유산 후 연쇄상구균에 감염되어 패혈증으로 목숨이 위태로웠다. 뉴헤이븐 병원(현재 예일 대학 뉴헤이븐 병원)에 한 달 동안 입원해 있는 동안 체온이 섭씨 41도 이상으로 오르기도 했고 정신을 잃기도 했다. 독일의 게르하르트 도마크 Gerhard Domagk 가 개발한 지 얼마 안 된 설파제를 처방했으나 감염은 치료되지 않았고 수혈, 수술 등 가능한 모든 방법을 동원했지만 상태는 나아지지 않았다.

그러나 밀러는 역사에서 정확히 '그 순간', '바로 그곳'에 해당하는 좌표에 있었다. 뉴헤이븐 병원에는 뉴저지에 위치한 작은 화학약품 회사인 머크사 Merck & Co. 가 보내준, 당시까지 잘 알려지지 않았던 한 약물이 소량 있었다.** 밀러의 의사 존 범스테드 John Bumstead 가 담당하던 다

---

* 일본의 사토 겐타로 佐藤健太郎 는 《세계사를 바꾼 10가지 약》에서 페니실린으로 목숨을 구한 세계 최초의 인물이 에도막부(도쿠가와 막부)를 연 도쿠가와 이에야스 德川家康 라는 설을 소개한다. 도쿠가와는 일본 통일을 위한 전투에서 부상을 입고 세균에 감염되어 등에 큰 종기가 났다고 한다. 상태가 나날이 악화하는 걸 본 이에야스의 신하 중 한 사람이 오사카에 있는 한 신사에서 환약 한 알을 받아와 등에 바르자 종기가 터져 나왔고, 부기가 빠지며 치료가 되었다고 한다. 그 환약이 푸른곰팡이를 사용한 약이었고, 따라서 페니실린으로 최초로 치료한 환자가 도쿠가와 이에야스라는 주장이다. 물론 여러 면에서 반박할 여지가 많은, '재미있는 역사' 이야기다.

른 환자가 페니실린을 약물로 개발하던 영국의 과학자와 친구 사이였던
지라, 환자를 통해 페니실린을 약간 얻을 수 있었던 것이다. 그 환자는
뇌질환을 연구하던 예일 의과대학의 존 풀턴 John F. Fulton 이었고, 그의 친
구가 바로 하워드 플로리였다. 둘은 플로리가 로즈 장학생으로 영국에
서 공부하던 시절 친구였고, 풀턴은 플로리가 미국으로 건너간 후 페니
실린 개발 지원을 받을 수 있도록 돕고 있었다.

범스테드를 비롯한 의료진이 확보한 페니실린은 겨우 한 스푼 정
도에 해당하는 양(약 5.5그램)이었지만, 이마저 당시 미국 전체가 보유하
던 페니실린의 절반에 달했다. 더는 손쓸 방법이 없던 의사들은 3월 14
일 오후 3시 30분 밀러에게 정맥 주사로 이 약물을 처음 투여했다. 병원
차트를 보면, 그녀는 주사 후 밤새 체온이 급격하게 떨어졌고, 다음 날
에는 더 이상 정신착란을 보이지 않았으며, 곧 정상적으로 식사를 할 수
있었다고 한다. 이후 밀러는 크게 기록될 만한 일이 없는 편안한 삶을
살았다. 그게 '기적의 약'의 진정한 효과였다.

밀러가 치료된 후 사람들은 페니실린의 효과를 더욱 굳게 확신했
다. 그렇지만 곰팡이에서 페니실린을 추출하는 공정은 어려웠고 비용도
많이 들었기 때문에 많은 사람을 치료할 만큼 충분한 양을 생산할 수 없
었다. 페니실린은 한 방울도 소중했다. 뉴헤이븐 병원의 의료진은 알렉
산더 때처럼 밀러의 오줌을 모아서 머크로 돌려보냈고, 머크에서는 밀

** 머크 역시 플로리 등과 협력하에 페니실린 대량 생산에 참여하고 있었고, 이후 다국적 제약회사로 성장
한다. 화이자, 머크 외에 스큅, 애보트, 일라이릴리, 파크 데이비스, 업존 등이 페니실린 생산에 참여했고,
이들을 '페니실린 클럽'이라고 불렀다.

1935년 알렉산더 플레밍이 동료 더글라스 맥클라우드에게 보낸 페니실륨 균주 샘플

러의 오줌에서 원래 페니실린 양의 70퍼센트를 회수해서 재사용했다. 페니실린은 1943년에도 미국에서 겨우 30명 정도를 치료할 수 있을 정도로 희귀하고 값비싼 약품이었다. 그러나 이 약이 전쟁터에서 부상당한 병사들의 목숨을 구할 수 있다는 사실이 분명해지자 정부와 군대는 페니실린을 더 많이 생산하도록 민간 제약회사에 요청했고, 1944년 6월에는 노르망디에 상륙하는 병사들에게 충분히 공급할 만큼 약을 생산할 수 있었다. 《타임》지는 그해 페니실린을 발견한 플레밍에 대한 기사를 실으면서, 표지에 "페니실린은 전쟁에서 했던 것보다 (앞으로) 더 많은 생명을 살릴 것"이라고 적었다.*

---

* 뿐만 아니라, 페니실린은 당시 미군 사이에 만연하던 매독을 치료하는 특효약으로 더 큰 환영을 받았다. 하지만 정부가 비밀리에 진행한 터스키기 매독 생체실험 대상자들에겐 페니실린을 제공하지 않았다.

포스트 항생제 시대, 미생물과 어떻게 살아가야 할까?

세균에게 공격받고,
세균으로 치료하다

페니실린은 이름 자체가 강력하게 알려주듯이 푸른곰팡이, **페니실륨** *Penicillium* 이 만들어내는 물질이다. 페니실륨이라는 이름은 '화가의 붓'을 의미하는 라틴어에서 비롯되었는데, 분생포자conidia *가 연결된 모양이 마치 빗자루처럼 생긴 데서 유래한다. 페니실륨은 맨 앞에서 다룬 효모나 버섯과 같이 균류에 속하는 곰팡이다. 핵과 함께 세포내 소기관을 갖는 진핵생물로 세균이나 바이러스와는 구분되지만, 흔히 진핵미생물로 분류한다.

　플레밍이 우연히 창문으로 날아든 푸른곰팡이가 포도상구균을 죽이는 현상을 관찰하고 연구한 결과 페니실린을 발견했다는 신화 같은 이야기는 너무나도 유명하다. 플레밍은 페니실린에 관한 논문에서, 자신

---

* 분생포자는 무성생식포자의 일종이다. 'coni-'는 그리스어로 '먼지'란 뜻으로, 분생포자는 대기 중에 먼지처럼 존재하면서 바람이나 비를 타고 다른 곳으로 멀리 이동한다.

이 근무하던 세인트메리 병원의 동료이자 곰팡이 전문가인 찰스 라투슈Charles La Touche가 페니실린을 만들어내는 푸른곰팡이를 페니실륨 루브룸Penicillium rubrum으로 동정同定했다고 밝히고 있다. 그런데 플레밍 이후 연구자들이 페니실륨 루브룸을 사용해 플레밍의 실험을 재현하는 데 실패하자, 곰팡이에 대한 동정이 잘못되었었다는 견해가 많았다.

1941년 미국의 균학자인 찰스 톰Charles Thom은 플레밍이 실험한 푸른곰팡이 종이 페니실륨 루브룸이 아닌 페니실륨 노타툼P. notatum이라고 봤다. 이후 로버트 샘슨Robert Samson 등이 페니실륨 속의 분류를 정리하면서 페니실륨 크리소게눔P. chrysogenum이 포함하는 영역이 넓어졌고, 기존에 페니실륨 노타툼이라고 불리던 종이 페니실륨 크리소게눔으로 합쳐졌다. 이 때문에 플레밍이 실제로 사용했던 푸른곰팡이는 페니실륨 크리소게눔이라는 견해가 폭넓게 인정되어 왔다.

푸른 곰팡이의
정체를 밝히다

이런 판단이 과연 맞는지의 문제는 다시 살펴보기로 하고 우선 푸른곰팡이가 어떤 것인지부터 알아보도록 하자. 푸른곰팡이는 과거 유성생식 단계가 없는 것으로 알려져서 유성생식에 이용되는 포자 종류에 따른 분류인 담자균류Basidiomycetes나 자낭균류Ascomycetes, 접합균류Zygomycetes 어느 쪽에도 속하지 못하고 불완전균류Deuteromycetes, Fungi Imperfecti로 분류되어 왔다. 푸른곰팡이의 이름이 유래한 빗자루 모양의 포자가 바로 무성생식포자, 즉 분생포자가 체인 형태로 연결된 것이다. 그러나 유전자 염기서열에 기초한 분류 방법이 일반화되면서 페니실륨이 진화적으로 자낭균류에 속한다는 사실이 밝혀졌고, 유성생식 단계가 존재한다는 사실 또한 알려졌다.

푸른곰팡이는 페니실린과 같은 항생물질을 만드는 것으로도 유명하지만, 일반 가정에서도 쉽게 발견된다. 분류학자에 따라 다르지만 350개 이상의 종으로 분류되는데, 동물에 유독한 물질을 만들어내서 동물 사료에서 문제가 되는 페니실륨 톡시카리움*P. toxicarium*이나 페니실륨 이슬란디쿰*P. islandicum*과 같은 것도 있다. 브리나 까망베르 같은 블루 치즈 생산에 이용되는 페니실륨 카멤베르티*P. camemberti*처럼 발효 음식을 만드는 데 사용되는 종류도 있고, 사과나 배 같은 식물에 병을 일으키는 종류도 많다. 물론 사람에게 병을 일으키는 종류도 있다.

푸른곰팡이는 1790년 피에르 불리아드*Pierre Bulliard*가 생장하면서 푸른색을 띠는 곰팡이를 칼 폰 린네*Carl von Linné*의 명명법, 즉 이명법을 따라 뮤코르*Mucor* 속으로 분류하고 뮤코르 페니실라투스*Mucor penicilatus*라 명명하면서 그 역사가 시작되었다. 페니실륨이라는 속명은 1809년 하인리히 프리드리히 링크*Heinrich Friedrich Link*가 처음으로 사용했다. 그는 페니실륨 속에 페니실륨 글라우쿰*P. glaucum*, 페니실륨 칸디둠*P. candidum*, 페니실륨 엑스판숨*P. expansum*, 세 개 종을 포함해 기술했다. 여기서 처음으로 페니실륨 글라우쿰이라는 종이 등장하는데, 이것이 바로 우리가 흔히 푸른곰팡이라고 부르는 종류다. '글라우쿰'이라는 종소명은 청록색을 의미한다.

이후 1874년 율리우스 오스카 브레펠트Julius Oscar Brefeld 가 처음으로 페니실륨 글라우쿰의 생활사를 기술했다. 그런데 이때부터 혼란이 생기기 시작했다. 그가 페니실륨 속에 속하는 종들에 대한 정확한 분류학적 구분 없이 작업한 탓에, 이후 푸른색의 곰팡이가 모두 페니실륨 글라아쿰이라고 불리게 된 것이다. 브레펠트를 따라 1930년 아서 헨리치 Arthur Henrici 가《곰팡이, 효모 및 방선균에 관한 핸드북Handbook on Moulds, Yeasts and Actinomycetes 》이라는 책자를 내며 '모든 푸른색을 띠는 곰팡이all green forms '를 페니실륨 굴라우쿰이라고 한다고 언급했다. 이때부터 한동안 페니실륨 속에 속하는 곰팡이를 종 구분 없이 페니실륨 글라우쿰이라고 부르는 관행이 이어졌다.

파스퇴르의 세균병인론을 받아들여 석탄산을 이용한 무균 수술을 최초로 시도하고 정착시킨 조지프 리스터Joseph Lister 는 플레밍보다 훨씬 이전인 19세기 말 곰팡이로 오염된 오줌에서 세균이 자라지 못한다는 사실을 발견하면서 페니실륨 글라우쿰을 사용했다고 기록했는데, 실제로 그가 어떤 곰팡이를 사용했는지 정확한 실체를 알 수 없는 건 그런 사정이 있어서다.

그런데 페니실륨 속에 속하면서 서로 다른 종이 분명한 것들이 많이 확인되자, 1979년 존 피트John I. Pitt 가 분생자병과 분지分枝 형태*를 기초로 페니실륨을 아스퍼질로이데스Aspergilloides , 비버티실륨

---

* 분생자병은 분생포자를 형성하는 부분을 의미하고, 분지는 실 모양의 균사菌絲 가 서로 나누어지는 모양을 의미한다.

Biverticillium , 푸카툼*Furcatum* , 페니실륨 네 개의 아속subgenera 으로 나눴다
(나중에 비버티실륨 아속은 탈라로미세스*Talaromyces* 속으로 옮겨졌다).

우연한 발견을
발명으로 만든다는 것

다시 플레밍의 푸른곰팡이의 정체로 돌아가보자. 이에 관해서는
조스 후브라켄 Jos Houbraken 등의 연구가 주목된다. 그들은 플레밍의 곰
팡이를 비롯한 다양한 페니실륨 속 곰팡이의 베타튜불린 β-tubulin 과 칼
모듈린calmodulin 유전자를 증폭하고 염기서열을 결정해서 서로의 관계
를 조사했다. 그 결과 플레밍이 사용한 푸른곰팡이는 **페니실륨 루벤스**P.
rubens 인 것으로 드러났다! 물론 페니실륨 크리소게눔은 페니실륨 루벤
스와 매우 가까운 종이었지만 서로 구분되는 종류였다. 그들은 어쩌면
(앞서 언급한) 찰스 라투슈나 (더 개연성이 높게는) 플레밍이 '붉은red '이란
뜻을 가진 'rubrum'과 '붉게 되는to be red '이란 뜻의 'rubens'를 헷갈려서
혼용했을 수 있다는 가설을 제시한다.

플레밍의 연구실 바로 아래층에서 일하던 라투슈는 실내 공기와
특히 거미줄에서 분리한 곰팡이를 이용해서 알레르기 백신을 만드는 연
구를 하고 있었다. 그는 런던과 셰필드의 가난한 지역에서 수백 개의 균
주를 분리했는데, 그중 상당수가 페니실륨 크리소게눔과 페니실륨 루벤
스였다. 이 두 종은 실내 공기에 가장 흔하게 존재하는 푸른곰팡이로, 최
근 연구는 이 곰팡이가 천식을 유발할 수 있다는 점도 밝히고 있다. 라

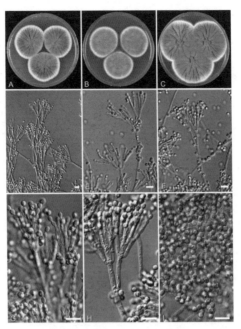

플레밍의 푸른곰팡이(페니실륨 루벤스) CBS 205.57.
서로 다른 배지에 배양한 사진(A~C)과
분생자와 분생포자의 전자현미경 사진(D~I)

투슈가 연구하던 곰팡이 포자가 어떤 경로를 타서인지는 모르지만, 우연히 플레밍의 포도상구균 배양 배지를 오염시켰을 가능성이 크다. 실제로 페니실륨 크리소게눔과 페니실륨 루벤스 모두 페니실린을 만들어낸다.

플레밍이 사용한 푸른곰팡이가 페니실륨 루벤스였을지는 몰라도 노르망디 해변에 연합군 병사들과 함께 상륙한 페니실린을 만들어낸 곰팡이는 플레밍의 것이 아니었다. 플로리와 히틀리는 페니실린 생산을 위해 미국으로 건너갈 때 페니실륨 곰팡이를 가지고 갔지만*, 상업적으로 대량 생산이 가능하려면 기존 것보다도 효율적으로 페니실린을 만들어낼 균주가 필요했다. 그런 곰팡이를 찾아내기 위해 전 세계에서 푸른 곰팡이를 구해다 테스트했지만 한참 동안 소득이 없었는데, 의외로 해결책은 가까이 있었다. 연구소가 위치하던 미국 일리노이주 피오리아의 과일시장에서 캔털루프라는 과일 껍데기에 핀 곰팡이가 기존 균주보다 여섯 배나 많은 페니실린을 만들어내는 현상을 발견한 것이다. 그 곰팡이는 의심할 나위 없이 페니실륨 크리소게눔이었다.

항생제는 원래 곰팡이나 세균이 다른 세균과의 경쟁에서 이기기 위해서 만들어내는 물질로 알려져 있다. 그래서 인간의 발길이 닿지 않는 동토 깊숙이 존재하는 세균에서도 항생제를 만들어내는 유전자를 발견할 수 있다. 인간은 곰팡이와 세균이 자신들의 생존을 위해 만들어내는 소량의 물질을 찾아내 인위적으로 분리해내고 대량으로 생산하면서, 세균과의 싸움에 이용하는 것이다.

상업적으로 생산된 대표적인 초기 항생제 그라미시딘 gramicidin 은 바실러스 브레비스 Bacillus brevis 라는 토양 세균에서 얻어낸다. 셀먼 왁스먼 Selman Abraham Waksman 이 찾아내(실제 연구는 그의 대학원생인 앨버트 샤츠 Albert Schatz 가 대부분 했다) 노벨 생리의학상까지 받은 최초의 결핵 치료 항생제인 스트렙토마이신 streptomycin 은 스트렙토미세스 그리세우스

---

* 푸른곰팡이 샘플을 가지고 미국으로 넘어갈 때, 별도의 용기에 넣어가면 분실되거나 도난 맞을 위험이 있다고 생각한 히틀리는 기발한 아이디어를 냈다. 바로 입고 가는 코트에 곰팡이를 묻혀 가자는 것이었다. 그렇게 그들은 페니실린을 만들어내는 푸른곰팡이를 미국까지 무사히 가져갈 수 있었다. 에릭 랙스 Eric Lax 의 《플로리 박사의 코트에 묻은 곰팡이 The Mould in Florey's Coat 》라는 책 제목은 이 일화에서 나온 것이다.

Streptomyces griseus 의 대사물질이다. 과학자들은 지금까지 스트렙토미세스*Streptomyces* 외의 다른 세균과 곰팡이 등에서도 많은 항생물질을 찾아내왔다.

물론 최근에는 살아 있는 곰팡이나 세균을 넘어 실험실에서 합성을 거쳐 후보물질을 찾아내고, 이를 변형해가면서 효과가 좋고 부작용이 적은 항생제를 개발하는 일이 보편화되었다. 하지만 2010~20년대에 발견된 테익소박틴 teixobactin 이나 클로비박틴 clovibactin 과 같은 예에서 볼 수 있듯, 미생물에서 항생제를 찾아내려는 노력은 여전히 시도되고 있다.

페니실린은 인류가 최초로 갖게 된 감염질환을 극복하는 무기였다. 인간은 미생물이 경쟁을 위해 조금씩 만들어내던 물질을 미생물에 의한 감염질환을 이겨내는 도구로 전환해냈다. 이로써 인류는 미래를 바꿀 수 있었다.

그러나 이제 다시 미래가 바뀔지도 모른다는 공포가 다가오고 있다. 항생제 내성으로 기존의 항생제가 쓸모없어지는(이미 쓸모없어진 경우도 없지 않다) 상황이 도래하고 있는 것이다. 그럼에도 새로운 메커니즘을 갖는 항생제 개발의 어려움, 비용과 수익성의 문제, 임상시험의 복잡성, 내성 문제 등으로 많은 제약회사가 항생제 개발에서 발을 빼는 실정이다. 어쩌면 우리는 흔한 세균 감염에 목숨이 위태로워지는 '포스트 항생제 시대Post-antibiotic era'를 맞이할지도 모른다. 다시 우리의 미래를 세균에 저당 잡힐 수도 있는 것이다. 어쩌면 벌써 아슬아슬한 벼랑 끝에 서 있는지도 모른다.

앞으로 우리가 어떤 미래를 맞이할지는 바로 이런 미생물을 어떻

게 이용할 것인지, 어떤 대책을 갖추었는지, 또는 어떻게 함께 살아갈 것
인지에 달려 있을지도 모른다. 7장뿐만 아니라 이 책 모든 부분에 걸쳐
서 우리가 진지하게 생각해보아야 할 부분이기도 하다.

세계 사망 원인 1위 모기를 세균으로 퇴치한다고?

말라리아와 황열병, 그리고 볼바키아

황열병은 우리의 성장을 저해할 것이다. 황열병이 우리 대도시에 저주를 내렸다.[11]

티모시 C. 와인가드 Timothy C. Winegard, 《모기 : 인류 역사를 결정지은 치명적인 살인자》 중
미국 제3대 대통령 토머스 제퍼슨 Thomas Jefferson 의 말

마을 사람 중 하나가 누렇게 뜨고 딸꾹질을 하다 시커먼 구토물을 토해 내면, 그
뒤로 매일같이 수십 명, 수백 명의 사람들이 쓰러지며, 결국에는 황열병을 피해
마을에서 도망쳐야 한다.[12]

폴 드 크루이프 Paul de Kruif, 《미생물 사냥꾼》 중에서

인간과 모기와 미생물이 맞물린
열대열원충의 출현

2016년 10월 16일 자 《사이언스》지의 표지는 이집트숲모기 *Aedes aegypti* 한 마리가 살갗에 내려앉아 피를 빨아 먹는 사진이 장식했다. 모기는 지구상에서 가장 위험한 존재다. 2018년 한 해 동안 모기로 죽은 사람은 83만 명 정도로, 모기는 사람을 가장 많이 죽인 동물로 부동의 1위를 지켜오고 있다.* 그런데 이 숫자도 아주 적게 잡은 것이란 평가도 있다. 빌&멀린다게이츠재단은 2000년대 이후 매년 200만 명이 넘는 사람이 모기에 의해 사망한다고 발표한 바 있다. 모기는 치명적 질병인 말라리아를 비롯해 황열병, 뎅기열, 지카바이러스 감염증 등을 옮긴다.

　이 질병들은 권력자를 쓰러뜨려 역사를 예상과는 다른 방향으로

---

* 2위는 '사람'으로 2018년 사람에 의해 죽은 사람의 수는 58만 명 정도였다. 참고로 사람 다음 순위는 뱀, 개, 모래파리, 체체파리, 자객벌레, 흡혈성 침노린재 등 다소 낯설거나 의외인 생물들로 이어진다.

2016년 10월 16일 《사이언스》지 표지

흐르게 했을 뿐 아니라, 식민지 진출에 장애로 작용하기도 했고, 오히려 아메리카 대륙으로 흑인 노예를 들여오는 계기가 되기도 했다. 지금도 개발도상국의 국민들과 여행객들을 괴롭히고 있다. 이 질병들의 대응책으로 많은 방법이 동원되었지만, 효과는 일시적이었고 환경 문제를 일으키기도 했다. 그래서 과학자들은 다름아닌 세균을 이용하는 새로운 방법을 생각해냈다.

위험한 것은 '나쁜 공기'가 아닌 '암컷 모기'?

말라리아는 잘 알려져 있듯이 나쁘다는 뜻의 'mal-'과 공기를 의미하는 'aria'가 결합해 만들어진 이름이다(우리나라에서는 흔히 '학질 虐疾'

이라고 불렀다. '학을 떼다' 할 때의 바로 그 '학'이다). 19세기 말 세균병인론이 확립되기 전 미아즈마, 즉 나쁜 공기가 질병의 원인이라 여기던 시절의 자취다. 과거 유럽에서 말라리아가 음습한 늪지대에서 많이 발생했기에 더욱 그럴듯하게 여겨졌을 것이다.

  말라리아는 말라리아원충으로 알려진 원생생물에 의해 생기는 질병이다. 유럽과 아메리카 지역에서는 삼일열원충, 즉 **플라스모디움 비박스**_Plasmodium vivax_ 또는 **플라스모디움 말라리에**_Plasmodium malariae_ 가, 아프리카에서는 열대열원충인 **플라스모디움 팔시파룸**_Plasmodium falciparum_ 이 흔하다. 이 밖에도 **플라스모디움 오발레**_Plasmodium ovale_ 와 **플라스모디움 크노우레시**_Plasmodium knowlesi_ 를 포함해 다섯 종의 말라리아원충이 말라리아를 일으키는 것으로 알려져 있고, 우리나라에는 거의 플라스모디움 비박스만 존재한다. 가장 치명적인 종은 열대열원충, 즉 플라스모디움 팔시파룸으로 제대로 치료받지 않으면 목숨이 위험해진다.

  말라리아를 일으키는 원충들은 모기의 몸속에서는 유성생식 주기를 완성하고 인간의 혈액 내에서는 무성생식을 하는 등 복잡한 생활사를 가진다. 아노펠레스_Anopheles_ 에 속하는 모기 중에서도 암컷이 사람에게 말라리아를 전파한다.* 암컷 모기가 사람을 물면 모기의 침에 섞여 있던 말라리아원충이 포자소체 sporozoite 의 형태로 사람 몸속에 주입된다. 사람 몸속에 들어온 말라리아원충은 간으로 들어가 간세포를 파먹으며 살아간다.

---

* 아노펠레스는 다른 모기와는 달리 피를 빨아 먹을 때 꼬리 부분을 위로 들어 올리는 특징이 있다.

간에서 살아가던 말라리아원충은 1주일에서 한 달 정도의 잠복기가 지나면 분열소체merozoite*의 형태로 간에서 빠져나온다. 말라리아원충은 혈액 내에서도 적혈구 안에 자리를 잡고 헤모글로빈을 먹어 치우며 증식한다. 수많은 원충으로 증식한 후에는 적혈구를 파괴하고 나오는데, 이때 혈액으로 쏟아져 나온 내용물과 분열소체에 대항해 인체의 면역반응이 작동한다. 특히 단핵구monocyte가 사이토카인을 급격히 분비하면서 체온이 섭씨 40도를 넘는 등 말라리아 특유의 발작이 일어난다. 말라리아원충은 이 과정을 반복하며 생활사를 이어간다. 플라스모디움 말라리에는 4일 간격으로 이 과정이 반복되어 '사일열 말라리아'라고 부르고, 플라스모디움 비박스는 발작이 일어나고 48시간 후 다시 발작이 일어나 '삼일열 말라리아'로 부른다. 플라스모디움 팔시파룸에 의한 말라리아는 주기적으로 발작이 일어나기도 하지만, 발작이 지속되는 경우가 많다.

말라리아가 역사에 조연으로 참여한 순간들

말라리아는 기원전 1550년경에 기록된 것으로 보이는 에버스 파피루스Papyrus Ebers부터, 기원전 668년경에 기록된 아슈르바니팔 시대의

---

* 포자소체는 포자충류 수정 후에 만들어지는 포자이고, 분열소체는 분열로 생성된 세포다. 말라리아아원충과 같은 포자충류는 '수정체–포자소체–분열소체–배우자 세포'의 순서로 형태가 변한다.

점토판, 중국에서 가장 오래된(기원후 100년경 편찬) 의학서《황제내경黃帝內經》을 비롯해 히포크라테스도 기술했다. 말라리아는 지금도 위험한 질병이다. 말라리아가 유행하는 지역으로 여행을 간다면 반드시 미리 예방약을 먹을 것을 권할 정도다. 당연히 말라리아는 역사에서 조연의 역할을 톡톡히 했다.

17세기 영국 청교도 혁명의 주역인 올리버 크롬웰Oliver Cromwell이 말라리아로 희생된 대표적인 인물이다. 크롬웰은 철기대Ironside를 이끌고 찰스 1세를 처형하는 것으로 내전에서 승리한 뒤 공화국을 세웠다. 그는 아일랜드를 진압하고, 스코틀랜드를 침공하면서 이들을 강제로 병합했고, 스스로 종신 호국경Lord Protector에 올랐다. 그러나 그의 위세는 갑작스러운 죽음으로 막을 내렸으니 바로 삼일열 말라리아에 걸린 것이다. 1658년 그가 죽은 후 시신을 부검한 기록을 보면, 그의 비장이 "병균 덩어리여서 기름 찌꺼기 같은 물질로 가득 차 있었다"고 한다.

마키아벨리Niccoló Machiavelli가 쓴《군주론》의 모델로 알려진 이탈리아의 체사레 보르자Cesare Borgia도 말라리아의 피해자였다. 그는 교황인 알렉산데르 6세Alexander VI의 사생아로, 아버지가 교황이 되자 추기경으로 지명되었고, 교황령군을 이끌면서 통일 왕국을 건설하려는 야심을 품었다. 프랑스와 스페인 사이에 영리한 줄타기와 신속한 군사 작전으로(거기다가 교묘하고도 야비한 책략으로) 거의 목적 달성을 앞두었으나 아버지인 교황이 말라리아로 갑자기 죽은 후 세력이 약화되었다. 그 역시 말라리아에 걸렸다가 살아났지만 결국 쇠약해진 몸으로 전투에 나섰다 죽고 말았다.

세계를 정복했던 마케도니아 알렉산더대왕의 경우, 그의 갑작스러운 죽음에 관해 여러 가설이 제기되었지만, 그중 말라리아설이 가장 유력하다. 이집트의 파라오 투탕카멘Tutankhamen도 말라리아에 걸려 죽은 것으로 보인다. 이들 말고도 말라리아에 희생된 것으로 추정되는 역사적 인물은 많다.

덧붙여, 말라리아는 유럽 제국주의가 아프리카 내륙으로 진출하는 데 커다란 걸림돌이기도 했지만, 더불어 아메리카가 아프리카 출신 흑인 노예를 대규모로 필요로 하게 된 주요 요인이기도 했다. 원래 아메리카 대륙에는 말라리아가 없었다. 말라리아원충을 가진 모기는 유럽인들이 송출한 초기 노예들과 함께 아메리카 대륙에 상륙했다. 이 말라리아원충은 열대열원충이었고, 유럽의 삼일열 말라리아보다 치명적일 뿐 아니라 유럽인들과 아메리카인들에게는 면역력이 없었다. 유럽의 식민지 배자들은 말라리아를 더 잘 견디는(낫형적혈구빈혈증*이 그 요인 중 하나다) 아프리카인이 필요했고, 더 많은 노예를 아프리카에서 아메리카로 실어 보냈다.

---

* 악성 빈혈을 유발하는 유전성 질환으로, 헤모글로빈 단백질의 아미노산 서열 중 하나가 비정상적으로 변이하여 적혈구가 낫모양으로 변하면서 발생한다. 낫형적혈구에는 말라리아원충이 들어가더라도 살아갈 수 없기 때문에 말라리아가 발병하지 않는다.

'선택적 싹쓸이',
그 이후의 말라리아원충

말라리아원충, 즉 플라스모디움을 처음 발견한 사람은 1880년 당시 알제리에서 근무하던 프랑스 군의관 샤를 라브랑Charles Louis Alphonse Laveran 이었다. 그는 말라리아에 걸린 군인들의 혈액에서 특이하게 생긴 세포를 관찰했다. 적혈구 안에 초승달 모양의 검은색 소체가 들어 있었던 것이다. 그 구조는 관찰 도중에도 부풀어 오르다 터지며 10개가 넘는 작은 미생물을 방출했다. 편모를 가진 이 작은 생명체들은 아주 빠른 속도로 움직였다. 그것은 세균도, 곰팡이도 아닌 기생충(원생생물)이었다. 그의 발견은 바로 인정받지는 못했지만, 1884년 이탈리아의 다른 연구진들이 비슷한 현상을 발견하면서 인정받았다.

정체가 밝혀진 후에도 이 미생물(정확히는 원생생물)의 복잡한 생활사는 쉽게 밝혀지지 못하다가, 라브랑의 발견 후 20년이 지나서야 영국 의사 로널드 로스Ronald Ross 가 인도 의료봉사단으로 활동하던 중 밝혀냈다. 상피병 Elephantiasis 을 일으키는 사상충Wuchereria bancrofti 이 모기를 매개로 전파된다는 사실을 발견했던 패트릭 맨슨Patrick Manson 의 조언, 즉 말라리아를 일으키는 원충을 모기에서 찾아보라는 조언을 따른 결과였다. 로스는 말라리아원충이 모기의 위에서 유성생식한 후 침샘으로 옮겨 가고, 모기가 피를 빨아 먹으면 (인간을 포함한) 동물의 혈액으로 전파된다는 사실을 밝혀냈다. 암컷 아노펠레스 모기가 사람에게 말라리아를 일으키는 매개체라는 사실을 밝혀낸 이는 이탈리아의 조반니 바티스타그라시 Giovanni Battista Grassi 였다.

과학자들은 말라리아원충 가운데 가장 독성이 강한 열대열원충이 언제, 어디에서 유래했는지 관심을 가져왔다. 전 세계 열대열원충을 채집해 DNA 염기서열을 비교한 리치 Stephen M. Rich 와 아얄라 Francisco J. Ayala 등은 각지의 열대열원충이 유전적으로 매우 유사하다는 사실을 발견했다. 이는 현대의 열대열원충이 과거 어느 시기 '선택적 싹쓸이 selective sweep' 후 살아남은 소수의 개체(연구자들은 이 개체에 'Malaria's Eve'라는 이름을 붙였다)에서 유래했다는 의미다. 그들은 이 시기를 대체로 지금으로부터 6,000여 년 전으로 추정했는데, 인류가 아프리카에서 수렵채집 생활에서 경작 생활로 전환한 초기 시기와 대체로 일치한다. 이는 열대열원충을 옮기는 아노펠레스 모기가 진화한 시기와도 비슷하다.

미국 앨라배마 대학의 리우 Weimin Liu 와 한 Beatrice H. Hahn 등이 2010년 발표한 연구도 이를 뒷받침한다. 그들은 아프리카에 서식하는 다양한 동물에서 플라스모디움 검체를 채집하고 유전자의 염기서열을 결정해 사람 감염 플라스모디움과 비교했다. 그 결과 열대열원충의 유전자가 서아프리카 지역의 고릴라에 존재하는 플라스모디움과 가장 유사했다. 이는 곧 서아프리카 지역에서 고릴라에서 인간으로 종간 전파를 일으키는 변종이 생기면서 혈대의 열대열원충이 기원했을 것임을 시사한다. 그러니까 열대열원충의 출현은 인간 생활 형태의 변화, 모기의 진화, 미생물의 진화가 거의 동시에 일어나면서 벌어진 일이라고 할 수 있다.

항생제가 나오기 전에는 말라리아를 세균 감염 치료에 사용한 적도 있었다. 치료법이 없던 매독 말기 환자를 일부러 말라리아에 감염시켜서, 감염에 따른 고열로 매독균을 죽이는 방법이었다. 병원체가 들어왔을 때 인체가 방어 작용으로 열을 내는 현상을 이용한 것이다. 율리우스 바그너 야우레크 Julius Wagner von Jauregg 는 발열요법이라 불리는 이 치료법을 발명한 업적으로 1927년 노벨 생리의학상까지 받았다. 당시에 말라리아는 이미 퀴닌 Quinine 같은 치료제가 발견되어 어느 정도는 통제할 수 있었기에 그나마 가능한 일이었다.

세균보다 작은 황열바이러스가
바꾼 역사적 순간들

황열병은 영어로는 'yellow fever(황열병은 이를 한자로 그대로 옮긴 셈이다)', 라틴어로도 노란색을 의미하는 'flavus'라고 한다. 황열병에 걸린 사람의 피부가 누렇게 뜨는 것에서 따온 이름이다. 감염자에게서 나타나는 황달 증상은 담즙에 포함된 색소 때문에 생긴다. 이 병에서 노란색이 워낙 상징적이라 과거에 황열병에 걸린 사람을 태운 선박이나 격리한 지역에는 '옐로우 잭yellow jack'이라고 불리는 노란색 깃발을 세우기도 했다.

황열병은 바이러스성 감염이다. 뎅기바이러스, 일본뇌염바이러스, 지카바이러스와 함께 플라비바이러스과Flaviviridae에 속하는 바이러스에 의해 전파된다. 'Flaviviridae'라는 명칭도 앞서 얘기한 flavus, 즉 노란색에서 온 것이다. 이 바이러스의 매개체는 이집트숲모기다.

황열병도 말라리아처럼 식민 무역과 함께 아프리카에서 아메리카로 유입된 것이 거의 확실하다. 말라리아는 몸속에 말라리아원충을 가지면서도 병이 발현되지 않는 보균자가 존재하는 데 반해, 황열병은 그렇지 않다. 걸리면 죽든지 살든지 둘 중 하나다. 그래서 아프리카에서 아메리카로 대서양을 횡단해 건너올 때 바이러스가 미리 사람 몸에서 살아 있었을 가능성은 거의 없다. 황열병을 일으키는 바이러스는 모기 몸속에서 6~8주가량 살아 있기 때문에 모기들이 노예선의 오염된 물웅덩이에 살면서 선원과 노예 들을 감염시켰을 것이다. 배가 항구에 도착한 후에는 새로운 대륙으로 퍼져나갔다.

미국 수도부터, 아이티 건국까지
황열병과 결정적 순간들

황열병은 워싱턴 DC가 미국의 수도로 결정되는 데 중요한 역할을 했다. 미국이 영국으로부터 독립했을 당시 수도는 필라델피아였다. 그런데 1793년 미국 최초로 필라델피아에서 황열병이 유행했다. 약 3개월간 황열병이 성행하면서 도시 인구의 10퍼센트에 달하는 5,000명가량이 사망했고, 수만 명이 이 병을 피해 도시를 버리고 떠났다고 한다. 이 중에는 초대 대통령 조지 워싱턴 George Washington 도 포함되어 있었다. 다음 해에도, 그다음 해에도, 몇 년간 필라델피아에 황열병이 거듭 발생하자 새로운 정부 지도자들은 수도 부지를 새로 물색해야만 했는데, 그곳이 바로 포토맥강변의 너른 황무지였던 지금의 워싱턴 DC다.

미국에 도움을 준 역사도 있다. 1801년 프랑스의 식민지였던 카리브해의 생도맹그(지금의 히스파니올라)에서 투생 루베르튀르François-Dominique Toussaint Louverture를 지도자로 하는 흑인 노예들의 반란이 일어났다. 나폴레옹은 반란을 진압할 군대를 파견했지만, 프랑스군은 흑인들의 영리한 게릴라전과 더불어 황열병으로 떼죽음을 당하고 만다. 그리하여 라틴아메리카 최초의 독립 국가, 지금의 아이티가 탄생한다.

아이티에서 물러나면서 나폴레옹의 프랑스는 결국 아메리카 대륙을 향한 욕심을 버릴 수밖에 없었고, 당시 프랑스 영토였던 루이지애나를 1500만 달러라는 헐값으로 미국에 팔아넘기고 만다. 그때 프랑스가 미국에 판 루이지애나 지역은 남북으로는 오대호 연안에서 멕시코까지, 동서로는 애팔래치아산맥에서 로키산맥까지 이르는 광대한 영토였다. 이로써 미국은 북아메리카 대륙 동부에만 머물던 영토를 중부까지 확대하였으며, 서부, 즉 태평양 연안까지 길을 열었다.

황열병은 파나마운하 건설에 결정적인 장애 요소이기도 했다. 이집트의 수에즈운하를 성공시킨 페르디낭 드 레셉스Ferdinand Marie de Lesseps가 이끈 프랑스 공사팀은 1880년 파나마운하 건설을 시작했지만 9년 만에 공사권을 미국에 넘겨버리고 말았다. 지형에 따른 난공사 탓도 없지 않았지만, 더 큰 문제가 바로 황열병이었다. 병에 걸려 인부들이 쓰러져가는데 누구도 손을 쓰지 못했다.

미국이 운하를 성공적으로 완공하기 위해서는 먼저 황열병을 제어하는 일이 필수적이었다. 우선 이 병의 정체부터 알아야 했다. 여기에도 적지 않은 과학자의 희생이 따랐다.

아프리카 풍토병, 노예무역선을 타고
전 세계를 누비다

1900년 미국은 파스퇴르와는 별개로 폐렴구균Streptococcus pneumoniae
을 발견하기도 했던 군의관 조지 스턴버그George Miller Sternberg 를 중심으
로 황열병위원회Yellow Fever Commission 를 발족했다. 그러고는 당시 육군
대위였던 월터 리드Walter Reed 를 팀장으로 한 조사팀을 쿠바의 아바나로
파견한다. 그들은 쿠바의 세균학자 카를로스 핀레이Carlos Finlay 가 몇 년
전 제시한 모기 가설을 받아들였고, 이를 검증하기로 한다. 그들은 스스
로 기니피그가 되기를 택했다. 먼저 리드의 조수 제임스 캐롤James Carroll
과 제시 러지어Jesse Lazear 가 팔뚝을 내밀었다. 황열병 환자의 피를 빨아
먹은 모기에게 일부러 물린 것이다. 캐롤은 황열병에 걸린 후 회복되었
지만, 러지어는 심하게 시달리다가 결국 죽고 말았다. 러지어는 사망하
기 직전까지 황열병에 걸렸을 때의 증상을 상세히 기록으로 남겼다. 그
뿐만 아니라 리드 연구팀에서 간호사로 일하던 클라라 마스Clara Maass 를
비롯해 자원자 여럿이 연구에 참여했다. 그녀도 황열병으로 사망했다.

리드는 이후 자원자를 통해 감염자의 옷과 침구를 사용한 실험으
로 오물 가설을 반박하고, 모기장을 이용한 실험으로 모기 가설을 입증
했다. 이 실험에서도 자원자들은 기꺼이 모기를 풀어놓은 방으로 들어
가 모기에 물렸고 황열병에 걸렸다. 이 밖에도 아바나 위생국장이던 윌
리엄 고거스William Gorgas 가 모기 박멸로 황열병을 없앨 수 있다는 사실
을 입증하면서, 모기가 황열병을 매개한다는 것이 실례로 입증되었다.

황열병이 발병한 지 3~4일이 지난 환자를 이집트숲모기가 물면, 모기 체내에서 병원체가 충분히 증식하는 데 10~12일 정도가 소요된다. 그 후에야 모기가 황열병을 다른 사람에게 옮길 수 있다. 리드 연구팀의 자원자 실험에서 어떤 사람은 병에 걸리고 어떤 사람에 그러지 않은 이유는 이처럼 황열병을 일으키는 바이러스가 감염력을 갖는 데 시간이 필요하기 때문이었다. 체내에서 황열바이러스가 충분히 증식하지 않은 모기에 물린 경우에는 황열병에 걸리지 않았다.

리드 연구팀과 고거스의 필사적인 노력으로 모기가 황열병의 매개체라는 사실이 밝혀지고, 모기를 제거하는 방식을 도입해 황열병을 어느 정도 제어할 수 있게 되면서 파나마운하도 무사히 완성될 수 있었다. 그러나 황열병의 병원체가 무엇인지는 알아내지는 못했다. 앞서 황열병에 걸린 캐롤의 혈액을 세균을 여과하는 필터로 걸러낸 후 자원자에게 주사하자 황열병이 옮았는데, 이는 곧 황열병의 병원체가 세균보다 작은 존재라는 의미였다.

황열병이 바이러스에 의한 질병이라는 사실은 이 발견 이후 25년이 지나서야 밝혀졌다. 1927년 록펠러 재단의 과학자들이 서부 아프리카에서 가벼운 황열병을 앓고 있는 여성 환자에게서 채취한 혈액을 인도 붉은털원숭이에게 접종해 황열병을 일으킨 후, 여기서 **황열바이러스** Yellow Fever Virus; YFV 를 분리해낸 것이다. 그 후 역시 록펠러 재단의 남아프리카 출신 과학자 막스 타일러 Max Theiler 가 몇 세대에 걸쳐 쥐를 감염시키면서 바이러스가 약독화되는 매커니즘을 발견해 백신 개발의 실마리를 찾아냈고, 1937년에는 실질적인 황열병 백신을 개발해냈다. 이 업적으로 테일러는 1952년 노벨 생리의학상을 받았다.

황열병은 처음에는 아메리카 대륙에서 유래한 것으로 여겨졌다. 근대 이후 황열병 발병과 관련해 아메리카 대륙에 관심이 집중되었던 것과 관련이 있을 것이다. 하지만 최근의 역학 및 유전학 연구에 따르면 황열바이러스는 아프리카에서 기원했을 가능성이 크다.

우선 역사적으로 보자면, 크리스토퍼 콜럼버스가 아메리카 대륙을 발견하기 전, 아프리카 해안과 카나리아 제도를 항해하던 유럽 선박의 항해사들에게서 황열병과 거의 똑같은 증상이 나타났다. 이후 1495년 콜럼버스가 히스파니올라(현재 도미니카 공화국 지역)에서 아메리카 선주민들과 전투를 벌이고 몇 달 후 이 질병이 선주민들에게 나타났다는 점도 이를 뒷받침한다.

유전학적으로도 아프리카의 황열바이러스가 다양성이 크다는 점은 이 바이러스가 아프리카에서 기원했다는 주장을 뒷받침한다. 과학자들은 지금으로부터 3,000여 년 전쯤 황열바이러스가 진화했을 거라고 추정한다. 현재 정설은 아프리카 풍토병이던 황열병이 16세기 유럽인들의 노예무역으로 서인도 제도와 아메리카 대륙 서부로 유입되었고, 17세기와 18세기에 대유행을 일으켰다는 것이다.

볼바키아,
곤충의 성생활까지 조종하다

말라리아나 황열병은 치료제와 백신의 개발로 선진국에서는 어느 정도 통제가 가능해졌다. 그런데 지구온난화의 영향으로 말라리아의 세력권이 넓어지며 그 위세가 꺾이지 않고 있다. 또한 황열병 백신은 접종자의 95퍼센트가 면역을 갖는 등 높은 효과를 보이지만 의료 환경이 좋지 못한 아프리카나 중남미, 동남아시아 등지에서는 많은 주민이 백신의 혜택을 받지 못하고 있다. 해마다 전 세계적으로 약 20만 명이 황열병에 걸리고, 약 3만 명이 목숨을 잃으며, 이마저도 2000년대 이후에는 증가하는 추세다. 역시 지구온난화의 영향으로 이집트숲모기의 서식 범위가 넓어지고 활동 기간이 길어졌기 때문이다. 황열바이러스와 비슷한 종류인 뎅기바이러스, 지카바이러스나 일본뇌염바이러스도 마찬가지다. 그런데 과학자들이 이런 모기 매개 바이러스를 제어하는 새로운 방법을 생각해냈다. 바로 세균을 이용한 방법이다.

감염된 세포 안의 볼바이카

볼바키아 *Wolbachia* 는 1924년 미국의 과학자 마셜 허티그 Marshall Hertig 와 시므온 버트 볼바크 Simeon Burt Wolbach 가 발견한 세균이다. 볼바키아는 선충류나 절지동물 내에서만 살아가는 녀석으로, 허티그와 볼바크가 모기의 한 종류인 큘렉스 피피엔스 *Culex pipiens* 에서 처음 발견했다. 두 과학자는 세포내 기생세균이면서 발진티푸스의 병원체인 리케차에 관심을 가지고 수십만 마리의 모기와 절지동물을 조사하던 중 모기의 난소와 정소만을 감염하는 세균을 발견했다. 원래는 이 세균이 발진티푸스나 로키산홍반열 Rocky Mountain spotted fever , 혹은 다른 질병과 갖는 관련성을 알아보고자 시작한 연구였지만, 질병과는 별 관련이 없는 것으로 드러나면서 금세 관심을 잃었다. 그러다 12년 후 1936년 허티그가 함께 발견한 동료 과학자의 이름과 세균을 발견한 모기의 이름을 따서 볼바키아 피피엔티스 *Wolbachia pipienntis* 로 명명하고 발표했다.

과학자들이 사람은 감염시키지도 않거니와 숙주인 곤충 밖에서는 살아가지 못하는 이런 세균에 관심을 가질 리 만무했다. 오랫동안 과학자들의 논문에서 드문드문 등장하던 이 세균은 1990년대에 이르러 뜻

밖의 특성이 여러 과학자들에 의해 독립적으로 발견되면서 과학 문헌 사이트에 출현 빈도가 급격히 높아졌다. 그 특성이란 이 세균이 숙주(즉, 곤충)의 성생활을 조작할 수 있다는 것이었다.

시작은 1971년 재니스 옌Janice Yen 과 랠프 바Ralph Barr 가 볼바키아에 감염된 수컷의 정자와 감염되지 않은 난자가 수정되면 큐렉스 모기의 난자가 죽는다는 사실을 발견한 것이었다. 말벌의 단성생식을 연구하던 미국의 리처드 스타우트해머 Richard Stouthamer 는 1990년 단성생식을 하는 말벌 무리가 모두 암컷만으로 구성되어 있고, 모두 같은 세균, 즉 볼바키아를 가진다는 사실을 알아냈다. 볼바키아가 반수체인 난세포를 감염하면 난자에 있는 암컷 염색체의 반수체가 두 배가 되면서 암컷으로 발달하는 것이었다. 스타우트해머는 항생제로 이 세균을 제거하자 갑자기 수컷이 등장하는 현상도 발견했다.

이후 프랑스의 티에리 리고Thierry Rigaud 는 볼바키아가 수컷의 성적 특성 발달을 촉진하는 안드로겐 호르몬 생성을 억제해 수컷 쥐며느리를 암컷으로 변형시키는 현상을 발견했다. 영국의 그레그 허스트Greg Hurst 와 그의 동료들은 볼바키아가 무당벌레와 나비를 감염시킨 후 수컷 배아를 죽여서 극단적인 암수 비율을 만드는 것을 관찰했다. 그들은 이 두 종의 곤충이 매우 다른 생식 메커니즘을 갖는 점을 바탕으로 볼바키아가 숙주의 성별을 인식하기 위한 방식을 다양하게 진화시켜 왔다는 가설을 세우기도 했다.

현대의 과학자들은 그저 관찰만으로 끝내지 않는다. 이런 현상이 도대체 왜 일어나는지 갖가지 방법을 동원해 알아내려고 끊임없이 연구

196

한다. 물론 과학자들은 볼바키아라는 보잘것없는 세균이 어떻게 곤충의 성별을 바꾸는지를 알아냈다. 그들이 현재까지 알아낸 사실은 다음과 같다.

볼바키아가 숙주를 전염시키는 데에는 좀 독특한 특성이 있다. 바로 앞서 얘기한 대로 생식세포, 즉 정자와 난자를 통해서만 숙주의 다음 세대로 전달된다는 점이다. 그런데 잘 알려져 있다시피 난자는 크고, 정자는 매우 매우 작다. 정자는 세균 하나가 들어앉기도 어려울 만큼 작다. 운 나쁘게 수컷에 자리를 잡으면 전파에 곤란을 겪는다. 그래서 볼바키아는 수컷 숙주를 파괴하거나, 암컷으로 만들어버리거나, 또는 아예 숙주가 무성생식하도록 하는 등 다양한 방법을 고안해낸 것이다.

이 볼바키아라는 세균은 이제 잠자리, 나비, 나방 등을 포함해서 60퍼센트가 넘는 곤충에서 발견된다. 그중에는 볼바키아가 없으면 번식과 생존이 불가능한 종도 많다. 볼바키아는 모기의 면역계를 증강시키고, 바이러스가 증식하는 데 필요한 지방산이나 글리세롤 등을 차지하기 위해 다른 바이러스와 경쟁한다. 그래서 볼바키아에 감염된 초파리와 모기는 바이러스에 내성이 강한 경우가 많고, 숙주의 철분 대사를 매개하거나 비타민 B를 합성하는 등 볼바키아가 대사 활동을 돕는다는 연구 결과도 있다. 곤충 숙주 입장에서도 암컷이 이 세균을 지니는 것이 유리하도록 조종하는 셈이다. 이런 전략으로 볼바키아는 숙주 집단 전체에 아주 빠른 속도로 퍼지고, 거의 100퍼센트 감염시킨다.

이이제이,
세균으로 감염병을 막는 원리

이전에 말라리아를 퇴치하는 데 썼던 가장 효과적인 방법은 다이클로로다이페닐트라이클로로에테인 dichlorodiphenyltrichloroethane; DDT 살포였다. 그러나 DDT는 인체에 유해하고, 생태계를 파괴한다는 인식이 확산되어 많은 국가에서 퇴출되었다. DDT를 비롯한 살충제를 제한적으로 사용해서 모기를 퇴출하려는 시도가 이어졌지만 DDT 내성을 가진 모기들이 생기면서 효과가 급속히 줄어들었다.

과학자들은 상상력을 발휘해 볼바키아의 특성을 미래를 바꾸는 방향으로 이용하고 있다. 과학자와 보건행정가 들은 볼바키아를 활용해 황열병과 뎅기를 비롯한 이집트숲모기 매개 감염병들과 말라리아를 제어하는 놀라운 아이디어를 생각해냈다.* 이 방법은 역발상, 혹은 이이제이以夷制夷 라고 볼 수 있는데, 모기를 없애는 것이 아니라 오히려 모기를 더 많이 퍼뜨리기 때문이다. 다만 야생의 모기와는 좀 다른 모기를 말이다.

이 전략은 앞에서 얘기한 볼바키아의 두 가지 특성을 결합한 것이다. 첫째, 볼바키아는 모기의 세포내에서 바이러스의 증식을 억제한다. 둘째, 볼바키아에 감염된 수컷은 볼바키아에 감염되지 않은 암컷을 선

---

* 특히 많은 사람을 감염시키면서도 효과적인 백신이나 치료법이 없는 뎅기의 치료법으로 많은 관심을 받고 있다. 하지만 유행하는 지역에 따라 목표로 하는 질병이 다를 뿐이다.

호한다. 자, 그렇다면 볼바키아에 감염된 수컷 모기를 풀어놓고 모기들이 서로 짝을 지을 시간을 주면 어떤 상황이 펼쳐질까? 자연선택의 원리에 따라 볼바키아에 감염된 암컷 모기가 흔해질 테고(암컷 모기만 사람을 물기 때문에 암컷 모기의 상태가 핵심이다), 볼바키아도 모기 집단에 퍼질 것이다. 모기 집단에 잔뜩 퍼진 볼바키아는 우리의 기대대로 사람에게 치명적인 바이러스의 증식을 억제할 것이다. 실제로 인도네시아에서 시행된 야외 실험에서 뎅기 발병률이 77퍼센트나 줄어들었다는 결과가 2020년 보고되기도 했다. 콜롬비아에서도 놀라운 효과가 나타났다.

그런데 이 방법을 실행하는 데에는 행정적인 난관이나 대중의 인식을 바꾸는 것 외에도 과학적 난관을 뚫어야 했다. 문제는 말라리아를 옮기는 아노펠레스나 황열병과 뎅기를 옮기는 이집트숲모기가 자연에서는 볼바키아를 지니지 않는다는 점이었다. 이도 이해할 만한데, 볼바키아와 다른 모기 매개 바이러스의 사이가 별로 좋지 않다면 모기가 자기 몸속에 둘을 모두 가지고 있기란 곤란할 것이다. 볼바키아 방법을 고안하고, 비영리기구인 세계모기프로그램 World Mosquito Program; WMP 을 세워 이 방법을 보급하고자 애써온 호주의 스콧 오닐 Scott O'Neill 은 이 장애물을 넘으려고 갖은 노력을 다했다. 세균을 모기 성체에 넣는 일은 무의미했고, 모기의 알에 볼바키아를 주입해서 안착시켜야만 했다. 그와 그의 학생들은 수십만 번에 걸친 시도 끝에 결국 성공했고, 이를 실제 야외에서 시험하는 단계까지 이르렀다.

세계보건기구가 발간한 《2022 세계 말라리아 보고서 2022 World Malaria Report 》에 따르면 2021년 전 세계 말라리아 환자는 2억 4700만 명에 달했는데, 아프리카 국가가 95퍼센트를 차지했다. 사망자는 62만여 명이나 된다. 치명률이 50퍼센트에 달한다는 황열병은 백신이 개발되어 있음에도 백신을 맞지 못하는 개발도상국의 국민들은 여전히 감염의 위험에 놓여 있다. 뎅기도 그렇다. 해마다 1억 명 이상 감염되는데, 기후 교란으로 발병 지역이 늘고 있다. 심지어 뎅기에는 치료법도 없고 백신도 없다. 체액을 보충하거나 열을 내리는 등 대증요법만을 사용할 뿐이다. 이러한 상황에서 곤충에서 발견한 작은 세균이 희망이 되어준다는 사실은 어떤 면에서는 역설적이고, 또 어떤 면에서는 놀랍다. 마지막으로, 전혀 실용적일 것 같지 않은 기초 연구들이 서로 결합하고, 응용되면서 큰 가치를 지니게 되었다는 점은 다시 한번 음미해봐야 하는 지점이기도 하다.

9

미생물 생태계를 보면 인간 특성이 보인다?

아이스맨에서 마이크로바이옴까지

음식이 약이 되고 약이 음식이 되게 하라.

히포크라테스 Hippocrates

당신이 무엇을 먹는지 알려주면 나는 당신이 누구인지 말할 수 있다.

앙텔름 브리야사바랭 Anthelme Brillat-Savarin, 프랑스의 요리사이자 미식평론가

마이크로바이옴: 인간의 "마지막 기관 last organ."

2012년 바쿠에로 Baquero 와 놈벨라 Nombela 의 논문 중에서

유전체학이 외치에 관해 밝힌
새로운 사실들

인간이 인간이기 전부터 미생물은 몸속에 존재했다. 호모사피엔스로 진화한 이후에도 인류는 몸속의 미생물과 함께 진화했다. 미생물이 우리를 병들게 한다는 사실을 안 지 150년이 채 되지 않았지만, 미생물이 우리를 건강하게도 한다는 사실을 알게 된 것은 그로부터도 훨씬 뒤의 일이다. 그런데 이제는 미생물이 감염과 건강은 물론 행동과 심리까지 조절한다는 사실을 알거나, 혹은 적어도 의심한다. 미생물은 인간을 바꾸어왔고, 지금도 바꾸고 있다.

염색체가 밝힌 '외치'의 고향

1991년 9월 19일. 오스트리아와 이탈리아 경계에 위치한 외츠탈 알프스산맥을* 산책하던 한 독일인 부부가 우연히 얼음 속에 꽁꽁 얼어 있는 시체 하나를 발견한다. 그들은 시신의 뼈와 피부 상태가 온전한 것을 보고 등산 도중 조난당해 얼어 죽은 시체일 거라고 여기고는 경찰에 바로 신고한다. 출동한 경찰은 처음엔 실종 신고가 들어와 있던 음악 교사로 의심했지만, 주변에서 사망자의 것으로 보이는 물건들을 보고 달리 생각하게 되었다. 아무래도 '아주' 오래된 시신 같았던 것이다.

불려온 고고학자들 또한 시신이 심상치 않다고 확인해주었고, 시신은 헬기에 실려 오스트리아의 인스브루크 대학으로 옮겨졌다(나중에 발견 장소에 따른 법적 관할 문제가 심각하게 대두되어 논란이 되었고, 결국 1998년 이탈리아로 넘겨져 볼차노의 고고학 박물관에 보관 및 전시되었다). 연구자들의 세심한 연구 결과, 시신은 무려 5,300년 전의 것으로 밝혀졌다. 죽자마자 얼음 속에 파묻히면서 미라가 된 것이었다. 5,000년 넘게 얼음 속에 묻혀 있던 시신이 지구온난화로 얼음이 녹으면서 모습이 드러났다. 사람들은 시신의 주인공에게 '아이스맨Iceman'이라는 별명을 붙여주었고, 곧이어 발견된 계곡의 이름 외츠탈과 전설 속 설인의 이름 예티Yeti를 따서 '외치Ötzi'라고 부르기 시작했다.

키 160센티미터, 몸무게 50킬로그램 정도로 측정된 외치는 마흔다섯 살 정도로 추정되었다. 왼쪽 어깨에 화살촉이 박힌 상태였다. 2007년 CT 촬영에서는 화살이 뒤쪽에서 어깨뼈를 뚫고 들어와 동맥을 건드리고 쇄골 아래까지 닿았다는 사실이 밝혀졌다. 격렬한 싸움으로 부상

---

* '-탈thal'은 독일어로 계곡이란 뜻이다. 이와 같은 계곡 이름이 붙은 유명한 존재가 있다. 바로 현생 인류보다 먼저 존재했고, 함께 공존하다 사라진 '네안데르탈인'이다. 이는 네안데르탈, 즉 처음 네안데르 계곡에서 발견되었기 때문에 붙여진 이름이다.

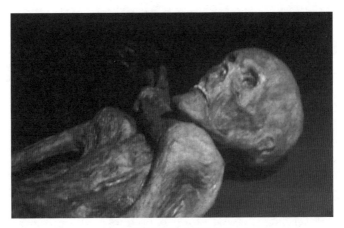
남티롤 박물관에 안치된 외치

을 입고 도망치다 과다출혈로 죽은 후 얼음계곡에 묻힌 것으로 보인다. 몸에서는 모두 61개의 문신이 확인되었는데, 관절염이 심한 부위에 집중되어 있어서 치료 목적이었을 것으로 보인다. 골반, 넓적다리뼈, 정강이뼈 등이 많이 변형된 것으로 보아 산악지대를 많이 걸어 다닌 것으로 여겨진다.

처음에는 위가 비어 있는 것으로 알려져 있었다. 그런데 2011년에 위라고 생각했던 부위가 실은 결장으로 밝혀졌다. 얼음 속에 오래 머무는 동안 위가 흉곽까지 밀려 올라갔던 것이다. 실제로 그의 위에는 살아 있을 때 먹은 음식물의 흔적이 가득했다. 죽기 직전 염소 고기를 육포 형태로 먹은 것이 확인되었고, 알프스산양과 말사슴 고기 찌꺼기도 남아 있었다. 이 밖에도 밀로 만든 빵도 먹은 것으로 확인되었고, 보리, 아마, 양귀비 등의 흔적이 시신 주변에서 발견되었다. 정말 다양한 분야의 연구자들이 그가 입은 옷이 어떤 것이고 어떻게 만들어졌는지를 비롯해

심지어 몸에 박힌 꽃가루까지 거의 모든 것을 연구했다. 인류 역사상 가장 많이 연구된 사람이라고 할 정도다.

최근 들어서는 유전체학이 발달하면서 아이스맨의 정체를 다른 각도에서 분석하려는 시도를 꾀하고 있다. 그 첫 번째 결실이 2012년 외치의 유전체 정보를 분석한 결과다. 연구자들은 외치의 상염색체는 물론, 미토콘드리아, Y 염색체 유전자들을 조사했고, 외치가 동유럽에서 유래한 유목민 집단의 자손이었을 것으로 결론을 내렸다. 또한 외치가 밝은 피부와 밝은 눈을 가진 털이 많은 남성이었을 것으로 추측했다. 그 밖에도 외치가 동맥경화에 걸릴 위험성이 높고, 젖당불내증 lactose 이며, 보렐리아 부르그도페리 Borrelia burgdoferi 라는 세균으로 인한 라임병 Lyme disease 을 앓았을 것으로 추정했다. 네안데르탈인을 비롯한 고대인 연구로 2022년 노벨 생리의학상을 받은 스반테 페보 Svante Pääbo 의 업적과 함께, 유전체 정보가 현대 인간에 관한 정보뿐만 아니라 이토록 오래된 인간의 정보도 알려준다는 점을 다시 한번 알린 성과였다.

외치에 관한 이러한 추측은 2023년 외치의 왼쪽 엉덩이뼈 ilium 에서 새로운 DNA를 추출하는 동시에 외치와 비슷한 시기의 유럽인 유전체를 추가로 분석하면서 뒤집혔다. 독일 막스플랑크 진화인류학 연구소의 요하네스 크라우제 Johannes Krause 를 중심으로 한 연구팀의 발표에 따르면 외치는 동유럽계에서 유래한 유목민 계통이 아니라 아나톨리아반도, 그러니까 지금의 튀르키예 쪽에서 직접 이주한 농부를 조상으로 두고 있었다. 또한 까만 피부에 어두운 눈, 짙은 색의 머리칼을 가졌을 것으로 추측되었다. 대머리와 당뇨, 비만과 관련한 유전자도 확인되었다.

이전과는 전혀 다른 결론이 난 것이다.

과학에서 새로운 증거는 이전의 결론을 뒤집기도 한다. 과학의 결과는 절대적이지 않으며, 새로운 증거에 늘 열려 있다. 그래야 한다.

세균이 인류의
이동 경로를 밝힌다고?

외치의 조상이 어떤 이동 경로를 거쳐 알프스까지 이르렀는지를 밝히는 데는 세균 정보도 이용되었다. 2016년 이탈리아에 있는 유럽아카데미 EURAC Research 미라 및 아이스맨 연구소 Institute for Mummies and the Iceman 연구진은 외치의 위에 있던 **헬리코박터 파일로리** *Helicobacter pylori* 의 유전체를 분석해 논문을 발표했다. 그들이 외치에서 직접 헬리코박터균을 분리하거나 하나의 온전한 헬리코박터균 유전체를 얻어낸 것은 아니었다. 위와 장의 이곳저곳에서 DNA를 얻어 분석한 후 헬리코박터균의 것만 따로 모으고 연결해서 분석했다.

생물정보학 기법을 한껏 발휘한 헬리코박터균 유전체 분석은 인류의 이동에 관한 새로운 정보를 제공했다. 현대의 헬리코박터균은 조상이 적어도 여섯 갈래가 있는 것으로 알려져 있고, 현재 유럽인들의 위에 존재하는 헬리코박터균 유전체 대부분이 아시아와 아프리카의 것이 섞인 하이브리드다. 헬리코박터균의 숙주는 사람뿐이므로 아프리카 출신과 아시아 출신이 서로 어울려 존재했을 때만 일어날 수 있는 현상이다. 현대 헬리코박터균의 유전체 정보는 이미 많이 쌓여 있었다. 여기에 외치 몸속의 헬리코박터균 유전체 정보가 얻어졌다.

놀랍게도 외치의 헬리코박터균은 하이브리드가 아니라 순전히 아시아인의 것이었다. 이는 외치가 살던 청동기시대에는 아직 아프리카의 헬리코박터균이 유럽 지역으로 진출하지 못했다는 의미였다. 과거에는 현재 유럽의 조상이 2만 년도 더 전에 아프리카에서 이주했을 것으로 여겼는데, 외치의 헬리코박터균 연구는 이보다도 더 최근에야 인류가 아프리카에서 유럽으로 들어왔을 가능성을 시사한다(외치는 '겨우' 5,300년 전 사람이니까). 유럽으로 들어온 이후에는 이미 그곳에 존재하던 사람들(의 세균)과 지속적인 혼합이 있었다. 물론 하나의 연구 결과만으로 모든 것을 설명하고 결론 내릴 수는 없지만 외치의 헬리코박터균 유전체 연구가 인류의 이동에 새로운 해석과 증거를 제시한 것만은 사실이다.

마이크로바이옴에서
건강의 답을 찾다

헬리코박터균은 1980년대 초반 호주의 베리 마셜 Barry Marshall 과 로빈 워렌 Robin Warren 이 발견하고, 소화성궤양의 원인균으로 밝힌 세균이다. 위액은 산성이 강하기에 세균을 비롯한 어떤 생명체도 살 수 없다는 것이 당시 정설이었다. 따라서 위에도 세균이 살고 있고, 그 세균이 질병을 유발하며 나중에는 위암의 원인이 되기도 한다는 발견은 충격이 아닐 수 없었다. 헬리코박터균 감염자가 위암에 걸릴 확률은 비감염자의 다섯 배나 된다.

나선 모양의 헬리코박터균은 미호기성*의 그람-음성 세균이다. 운동성이 있는 편모를 이용해 위의 점액질을 뚫고 들어간다. 세균의 나선 모양도 위의 점막을 뚫기에 적합하도록 진화한 것으로 보인다. 헬리코

---

* 산소가 낮은 농도로 존재할 때 잘 생장한다는 의미다.

박터균은 강한 산성 상태인 위 내부에서 유레이스urease 라는 효소를 만들어 위액 속의 요소를 암모니아와 이산화탄소로 분해한다. 이렇게 만들어진 암모니아로 위액을 중화시켜 살아간다. 덧붙여 헬리코박터균이 분비하는 효소인 콜라게나아제collagenase 와 뮤시나아제mucinase 는 세균이 위의 표피세포에 도달하는 데 도움을 준다. 표피세포에 도달해 부착한 헬리코박터균은 여러 종류의 독소를 분비해 염증을 일으킨다.

이 세균이 위궤양을 일으킨다는 사실을 입증하기 위해서 마셜이 직접 헬리코박터균이 든 음료를 마시고 고통을 겪은 얘기는 유명하다. 이제는 헬리코박터균이 위염이나 소화성궤양의 원인균이라는 사실이 상식으로 확립되었고, 건강검진 필수 검사 항목이 되었다. 통계에 따르면 위궤양의 약 50~80퍼센트, 십이지장궤양의 약 90퍼센트가 헬리코박터균 때문에 발생한다. 그래서 위에서 헬리코박터균이 발견되면 항생제 치료로 제거할 것을 권장받는다.

앞서 외치의 헬리코박터균을 연구한 연구진들은 외치가 살아 있었을 적 헬리코박터균으로 인한 염증으로 고통을 받았고, 심지어 심한 복통을 겪으며 죽었을지도 모른다고 지적했다. 헬리코박터균은 거의 입을 통해 감염된다. 우리나라 성인의 경우 절반가량이 헬리코박터균을 가진 것으로 나타나고, 나이가 많을수록 비율이 높아진다. 개발도상국의 경우 90퍼센트 이상이 헬리코박터균을 보유하지만, 서구 선진국은 10~20퍼센트 정도만이 이 세균을 가진다. 최근 연구에 따르면 아직 위액의 산성도가 낮은 10세 이하의 어린아이에게서 감염이 주로 나타나고, 이후로는 잘 감염되지 않는다고 한다.

헬리코박터균은 세계보건기구가 지정한 위암 1급 위험 인자다. 물론 헬리코박터균에 감염되었다고 모두 위암에 걸리지는 않는다. 위암 환자의 대부분에서 헬리코박터균이 발견되지만, 보균자 가운데 약 절반 정도가 속 쓰림, 혹은 위염 증상을 보이고, 이 중 10~20퍼센트가 위궤양으로 이어진다. 여기서 위암으로 발달하는 비율은 그보다 더 낮다. 최근에는 헬리코박터균이 인체에서 일으키는 면역반응이 천식이나 아토피 같은 알레르기 질환이나 당뇨병 등을 막아준다는 결과도 나왔다. 이는 세균이 우리 몸속에서 단순히 감염질환을 일으키기만 할 뿐은 아니라는 의미이기도 하다.

이탈리아 트렌토 대학의 연구진들은 외치의 장 샘플에서 헬리코박터균 말고도 여러 세균의 흔적을 발견했다. 그중에서도 프레보텔라균 Prevotella, 정확히는 프레보텔라 코프리 Prevotella copri 에 초점을 맞춰 분석하고, 현대 서구화 지역의 사람과 탄자니아와 가나 등 비서구화 지역 사람들의 세균 집단을 비교했다. 세균의 유전체를 중심으로 분석한 연구진은 외치나 비서구화 지역의 사람들은 다양한 계통의 프레보텔라균을 갖는 반면, 서구인들은 단일한 종류의 프레보텔라균만을 갖는다는 사실을 발견했다. 서구적 생활 습관으로 인간 몸속의 미생물 다양성이 감소해왔다는 의미다. 이 발견의 의미에 관해서는 뒤에 다시 설명한다.

과학자들은 외치라는 아주 오래된 조상이 어떤 세균을 가지고 있었는지를 비롯해 현대인들의 몸속 세균의 종류와 특징까지도 깊이 파고들고 있다. 세균을 비롯한 미생물 군집이 우리 몸속에서 각종 건강과 질병의 요인으로 작용한다는 것은 이제 널리 알려진 과학적 상식이다. 유전자 정보로 세균의 종류를 알아내는 기법이 발달하면서 이른바 **마이크로바이옴** microbiome 이 현대 생물학에서 중요한 분야가 되었고, 미생물을 조절해 각종 질환을 치료하고 건강을 유지하려는 시도가 다방면으로 이뤄지고 있다. 말하자면 미생물에서 건강의 해답을 찾는 것이다.

인간을 좌우하는
마이크로바이옴의 정체는?

지금은 유행처럼 흔히 쓰이고 인용되는 용어인 마이크로바이옴의 정의를 웹스터 영어사전에서 찾아보면 다음과 같다.

1. 특정 환경에 서식하는 미생물(박테리아, 곰팡이, 바이러스 등) 군집, 특히 인체 내부 또는 인체에 서식하는 미생물 집합
2. 특정 환경, 특히 인체에 서식하는 미생물의 집단적 유전체

마이크로바이옴이란 특정 환경, 특히 인체에 존재하는 미생물이나 그 미생물들의 전체 유전체를 가리킨다. 마이크로바이옴 전공 과학자들이 생각하는 정의도 여기서 별로 벗어나지 않는다. 우리말로는 미생물 microbe 과 생물군계 biome 를 결합해 '미생물 군집', '미생물 총叢'이라고 번역하지만 이 두 용어에는 유전체 개념이 포함되지 않기에 마이크로바이옴이라 쓰는 경우가 많다.

마이크로바이옴 연구의 선구자로는 흔히 두 과학자를 언급한다.

한 명은 우리나라에서 유산균 음료와 관련한 광고와 상표명으로 더 잘 알려진 면역학자 엘리 메치니코프 Élie Metchnikoff 이고, 또 한 명은 상대적으로 잘 알려지지 않은 생태학자 세르게이 비노그라드스키 Сергей Виноградский 다.

메치니코프는 우리에게 유산균(젖산균)으로 잘 알려졌지만, 원래는 선천면역과 관련한 연구로 독일의 파울 에를리히 Paul Ehrlich 와 함께 1908년 노벨 생리의학상을 수상한 과학자다. 러시아 출신이지만 연구 활동은 주로 프랑스 파스퇴르 연구소에서 했다. 그는 1892년 프랑스에 콜레라가 유행하던 당시 사람마다 영향이 다르다는 사실을 발견하고 그 이유를 알아보기 위해 두 명의 자원자를 대상으로 인체 실험을 했다. 콜레라균 샘플을 마시도록 한 것이다(물론 지금은 연구 윤리상 허락될 리 만무하다). 그런데 음료를 마신 한 명은 콜레라에 걸려 거의 죽을 뻔하다 살아난 반면, 다른 한 명은 멀쩡했다. 메치니코프도 직접 마셔봤는데, 그도 멀쩡했다. 메치니코프는 장내 미생물의 차이가 감염 여부에 영향을 준다고 여겼다. 유익한 미생물을 많이 가진 사람이 더 건강하다고 생각한 것이다. 무균 동물실험에서도 장내 미생물이 건강에 영향을 미친다는 결과를 얻었다. 그러나 그의 연구는 여기서 더 깊이 들어가지는 못했다.

메치니코프는 대신 불가리아의 농부들이 장수하는 이유를 캤고, 그들이 즐겨 마시는 요구르트에 주목했다. 요구르트에는 젖산을 만들어내는 '불가리스'라고 하는 세균(현재 학명은 *Lactobacillus delbrueckii* subsp. *bulgaricus*)이 가득 들어 있었고, 바로 이 세균이 몸속에서 만들어내는 젖산이 수명을 증가시킨다는 결론을 내렸다. 메치니코프는 이를 입증하겠다며 평생 이 젖산균이 든 요구르트를 마셨다. 물론 마이크로바이옴이란 용어를 명시적으로 사용하지 않았지만, 몸속의 세균이 모두 해롭기만 한 것이 아니라 노화와 건강에 유익한 종류도 있다는 그의 가설과 결론은 현대 마이크로바이옴 연구에서 이야기하는 것과 다를 바 없다.

비노그라드스키 컬럼이 보여주는
미생물 생태계

메치니코프가 건강과 관련해 미생물의 역할을 강조했다면 비노그라드스키는 생태계 차원에서 미생물을 전체적으로 파악하는 데 선구적인 역할을 했다. 우크라이나에서 태어나 러시아에서 활동한 비노그라드스키는 생태계에서 질소 순환을 비롯해 다양한 생물지구화학 순환 biogeochemical cycle 을 발견하고 연구했다. 그는 무기영양생물 lithotroph 이 이산화탄소를 고정하고 유기화합물로 전환해 에너지를 얻는 화학독립영양 chemoautotrophy 과정을 발견했다. 그러나 그가 특히 유명해진 것은 비노그라드스키 컬럼 Winogradsky column 때문이다.

비노그라드스키 컬럼은 투명한 긴 통에 연못의 물, 진흙과 함께 탄소 공급원으로 셀룰로스를 포함하는 신문지나 마시멜로, 탄산칼슘을 포함하는 달걀 껍데기를, 황 공급원으로 황산칼슘을 포함하는 석고나 달걀노른자를 넣어서 만든다. 이대로 햇빛이 잘 드는 곳에 여러 달 동안 두면 자연스럽게 산소 농도와 황화수소 농도에 따라 기울기가 형성되어

비노그라드스키 컬럼

(위로 갈수록 산소 농도가 높고, 아래로 갈수록 황화수소 농도가 높다) 산소호흡과 무산소호흡 세균이 자라는 장소가 나뉜다. 위치마다 어떤 대사 활동을 하는지에 따라 분해되는 물질이 달려져 토양의 색깔이 달리 나타난다. 이로써 서로 다른 세균이 자라면서 서로 다른 대사 작용을 한다는 사실이 확연히 드러난다.

이 컬럼은 빛 에너지만을 외부에서 공급받고 미생물들의 상호작용으로만 유지되는 작은 생태계다. 광영양phototrophy, 화학영양chemotrophy, 독립영양autotrophy, 종속영양heterotrophy과 같은 생명체가 영양을 얻는 방식 거의 모두를 관찰할 수 있다. 또한 미생물의 물질대사에 따라 서식지가 변하는 현상과 탄소·질소·황 등 주요 원소의 생물지구화학적 순환

미생물 생태계를 보면 인간 특성이 보인다?

양상도 확인할 수 있다. 지금도 간단한 재료로 직접 실험해 볼 수 있다.

비노그라드스키 컬럼은 세균이 개별적인 작용이 아니라 집단으로서 생태계에서 상호작용하면서 유지된다는 것을 확연히 보여주는 장치다. 생태계에서 미생물의 집단적 역할을 강조했다는 점에서 비노그라드스키를 생태학 차원에서 마이크로바이옴 연구의 선구자로 보는 것도 무리가 아니다.

건강, 성격, 행동까지……
인류는 미생물에 종속된 존재일까?

메치니코프와 함께 비노그라드스키를 마이크로바이옴 연구의 비조로 삼고 있긴 하지만, 현대의 마이크로바이옴 연구는 특히 사람의 건강과 관련해서 주목받고 있다. 그중에서도 비만이 몸속 미생물 조성과 관련이 있다는 2006년 제프리 고든 Jeffery Gordon 의 연구부터 관심이 집중되기 시작했다고 볼 수 있다. 고든의 연구팀에 따르면 비만은 몸속 박테로이데테스 Bacteroidetes (의간균)와 퍼미큐테스 Firmicutes (후벽균) 사이의 비율에 상당히 영향을 받는다. 생쥐와 사람을 조사하고, 인위적인 미생물 군집 이식 실험을 진행한바, 퍼미큐테스의 비율이 높을수록 비만일 확률이 높았다. 더 나아가 그들은 퍼미큐테스의 세균이 박테로이데테스의 세균보다 기질 substrate 에서 더 많은 에너지를 얻어내기 때문이라는 근거까지 제시했다.

조현병, 자폐스펙트럼과
장내 마이크로바이옴의 상관관계

고든 연구팀 이후로 비만은 물론 건강과 관련된 많은 현상이 미생물의 분포와 상관관계가 있다는 연구 결과가 봇물처럼 쏟아져 나왔다. 대표적인 것이 조현병 연구다. 2019년 중국 충칭 의대 펭 정 Peng Zheng 등의 연구팀은 조현병 환자의 장내 세균의 생체량이 조현병에 걸리지 않은 사람보다 낮은 것을 발견했다. 특히 베일로넬라과 Veillonellaceae 에 속하는 세균이 조현병의 중증도과 관련이 있었다. 반면 라크노스피라과 Lachnospiraceae 와 루미노코쿠스과 Ruminococcaceae 에 속하는 세균은 조현병 환자에게 상대적으로 매우 적게 존재했다. 연구진은 대변 샘플의 세균 조성만을 보고서도 조현병 여부와 중증도를 예측할 수 있다고 봤다. 또한 조현병 환자의 대변 샘플을 건강한 쥐에 주입하자 쥐가 조현병과 유사한 행동을 하는 것을 발견하기도 했다. 그들은 이것이 세균들의 대사 작용으로 해마에서 글루탐산염 glutamate 의 농도가 낮아지고, 글루타민 glutamine 과 감마아미노뷰티르산 γ-aminobutyric acid; GABA 의 농도는 높아지면서 신경화학 및 신경학적 기능이 바뀌기 때문이라고 추론했다.

자폐스펙트럼장애 Autism Spectrum Disorder; ASD 또한 마이크로바이옴의 영향을 받는다는 연구가 많이 발표되었다. 자폐스펙트럼장애와 미생물 사이의 관련성에 관한 연구의 선구자는 미국의 폴 패터슨 Paul Patterson 이다. 그는 장내 세균이 만들어내는 4-에틸페닐설페이트 4-ethylphenylsulfate 가 자폐스펙트럼장애의 원인이라는 연구 결과를 발표했다. 그의 선구적인 연구에 이어서 길 샤론^{Gil Sharon}을 포함한 연구팀이 장내 세균이 자폐 증상 발현에 직접적으로 영향을 줄 수 있다는 연구를 수행하고 있다. 샤론과 그의 연구팀은 자폐 증상을 보이는 어린이의 대변을 이식받은 무균쥐가 반복적인 행동을 보이고, 사회적 활동을 하는 시간이 짧아지는 현상을 관찰했다. 이 쥐들은 세균 대사산물 중 5-아미노발레르산^{5-aminovaleric acid; 5AV} 및 타우린^{taurin} 수치가 현저히 낮았다. 5AV 농도가 증가하면 뇌의 흥분성이 감소하는데, 이 쥐들에게 5AV나 타우린을 주입하면 자폐 증상이 완화되었다.

최근 국내 연구진의 연구도 주목할 만하다. CJ바이오사이언스 천종식 대표와 서울아산병원 김효원 교수 공동연구팀은 국내 자폐스펙트럼장애 환자 249명과 그들의 형제자매, 대조군을 포함한 456명의 장내 마이크로바이옴을 조사했다. 그 결과 장내 마이크로바이옴에 따라, 특히 장내 세균 성숙이 느린 장형^{enterotype}의 아이들이 발달도 느리고 자폐스펙트럼장애의 증상도 심했다. 뿐만 아니라 특정 미생물과 자폐스펙트럼장애 간 연관성을 확인할 수 있었다. 자폐스펙트럼장애 환자는 비피도박테리움 롱검 *Bifidobacterium longum*이 적었다. 이러한 결과는 다른 연구들에서도 동일하게 제시되었던 것으로, 이 세균을 자폐증 모델 쥐에 투여하자 자폐 행동이 개선되었다. 세균이 키누레닌^{kynurenine} 경로에 영향을 미쳐 신경전달물질(글루탐산과 GABA 등)과 신경면역 상태를 바꾼 것이다. 흔히 타액에 존재하면서 구취 세균을 억제한다고 알려진 구강유산균인 타액연쇄상구균^{Streptococcus salivarius} 역시 자폐스펙트럼장애 환자에게서 적게 나왔다. 물론 자폐스펙트럼장애는 유전적 요인이 가장 크지만, 그 밖에도 장내 미생물의 분포 등 다양한 요인이 작용한다는 사실이 밝혀진 것이다.

이 밖에도 알츠하이머병이 폐렴과 함께 눈에 감염을 일으키는 폐렴클라미디아*Chlamydia pneumoniae* , 라임병을 일으키는 보렐리아 부르그도페리와 같은 세균과 단순포진바이러스Herpes simplex virus-1 같은 바이러스와 관련이 있으리라는 가설이 제기되고 있다. 이 세균과 바이러스에 감염되면 뇌에 염증이 증가하는데, 증가한 염증이 아밀로이드 생성과 플라크 형성을 유도하면서 알츠하이머병에 걸릴 위험을 높인다는 것이다.

파킨슨병 환자 역시 마이크로바이옴이 정상인과는 다르다는 연구 결과가 있다. 특히 정상인의 장에 많이 존재하는 프레보텔라균이 거의 발견되지 않았다. 그람-음성균에 속하는 프레보텔라균은 다량의 짧은사슬지방산을 만들고 염증을 감소시키고 비타민류를 합성하는 세균으로, 장을 건강하게 만든다고 알려져 있다. 앞서 외치의 프레보텔라균을 서구화된 현대인의 것과 비교 연구한 결과를 기억할지 모르겠다. 외치의 미생물 유전체 연구와 파긴슨병 환자의 마이크로바이옴 연구를 연결해 보면, 우리가 점점 그런 질병에 취약해져 왔다는 추측이 가능해진다. 우리의 인체는 수천 년 동안 거의 변하지 않은 데 반해, 생활 패턴은 급격히 변화하면서 체내 마이크로바이옴 또한 변화를 거듭해왔다. 그 결과 우리의 건강도 위협받게 된 것이다.

이와 같이 세균의 분포가 여러 대사 및 신경질환에 영향을 미친다는 사실이 속속 확인되고 있지만, 그 이유는 정확히 밝혀내지 못한 상태다. 다만 앞서도 언급한 대로 세균이 만들어내는 특정 물질이 대사 과정을 변경하거나, 뇌 신경을 활성화 또는 불활성화하는 등의 작용을 하기 때문인 것으로 추정한다. 그런데 세균은 상상 이상으로 다양하다. 세균마다 만들어내는 물질이 다양하고, 그 양도 다르다. 바로 그런 다양성이 사람의 대사와 활동에 영향을 준다. 하나의 물질이 한 가지 작용만 하는 것이 아니라 여러 작용을 함께하므로 마이크로바이옴의 역할을 구체적이고 세부적인 수준까지 밝혀내는 일은 쉽지 않을지도 모른다. 하지만 지금의 연구 속도를 보면 앞으로 세균이 인체에 미치는 영향의 메커니즘이 드러나는 일은 시간 문제로 보인다. 그때가 되면 현재 치료할 수 없거나 치료하기 힘든 질병도 제어가 가능할지도 모른다.

숙주를 조종하는
톡소포자충의 전략

인간의 성격이나 건강을 좌지우지하는 미생물이 세균뿐일까? 물론 아니다. 바이러스도 인간을 바꾼다. 그뿐만 아니라 세균이나 바이러스가 아닌 기생충이 사람을 조종한다는 증거도 수없이 많다. **톡소포자충** *Toxoplasma gondii* 이 대표적이다.

원래 고양이에 기생하는 톡소포자충은 사람에게도 감염되는 인수공통 기생충이다. 이 기생충에 감염된 사람의 행동이 바뀐다는 사실을 처음 발견한 사람은 체코 카렐 대학교의 야로슬라프 플레그르 Jaroslav Flegr 다. 그가 이를 발견해낸 단초는 바로 자신이 감염된 후 스스로 행동이 달라졌다는 것을 깨달으면서였다.

1990년 플레그르는 어느 순간 자신이 부주의한 행동이 늘어나고 반응 시간이 늦어졌다고 느꼈다. 심지어 자동차가 다가오면서 경적을 울리는데도 찻길로 뛰어들고 싶다는 충동이 들기도 했다. 그는 문득 자신이 톡소포자충에 감염되었고, 자신의 행동이 이 감염 때문일지도 모른다는 생각이 들었다. 이후 추가 연구를 진행하고 기생충이 인간의 행동을 바꿀 수 있다는 대담한 가설을 발표했지만 학계에서는 거세게 반발했다. 아니 비웃었다. 논문 발표도 쉽지 않았고, 제대로 된 과학자 대접도 받지 못했다. 하지만 이제는 많은 과학자가 그의 가설을 지지한다.

톡소포자충은 1908년 프랑스 파스퇴르 연구소의 연구자들이 햄스터에서 처음 발견했다. 1938년 뉴욕의 한 병원에서 사망한 신생아의 시신에서 톡소포자충이 발견되면서 사람에게도 감염된다는 사실이 알려졌고, 익히지 않은 날고기로 감염되는 경우가 많다는 사실이 1950년대에 밝혀졌다. 톡소포자충은 실질적으로 거의 모든 정온동물을 감염시킨다고 볼 수 있는데, 유성생식은 고양잇과 동물 내에서만 가능하다. 그러니까 다른 동물들은 모두 고양이에게 침투하기 위한 중간 환승역 같은 존재인 셈이다.

이 기생충이 행동을 바꾸는 양상은 쥐에서 잘 알려져 있다. 쥐는 보통 고양이 오줌 냄새를 맡고 고양이를 피해 다닌다. 그런데 고양이 배설물 등으로 톡소포자충에 감염된 쥐는 반대로 고양이 오줌 근처를 배회한다. 빨리 자기를 잡아먹으라는 듯이 말이다. 기생충이 쥐를 조종해 자신의 번식 기회를 늘리려는 듯 보인다. 이런 일은 톡소포자충이 쥐나 사람 같은 중간 숙주 동물의 뇌에서 도파민 생성을 조절하기 때문으로 밝혀졌는데, 2006년 이에 관한 증거를 처음 제시한 것 역시 플레그르의 연구팀이었다. 이후 더 자세한 메커니즘이 밝혀졌다. 톡소포자충의 유전체를 조사했더니 이 기생충이 도파민 합성에 관여하는 유전자를 가지고 있었던 것이다. 몸속으로 들어간 톡소포자충은 백혈구를 탈취한 후 뇌로 침투해서 도파민 생성을 촉진한다. 도파민은 체내에서 여러 작용을 하지만, 여기서는 동물의 공포감과 불안감을 둔하게 만드는 역할을 한다. 실제로 멀쩡한 쥐에 도파민 분비를 촉진하는 물질을 투여하면 고양이를 무서워하지 않았다.

톡소포자충이 조절하는 체내 작용과 행동은 이후로도 계속 추가되었고, 인간의 행동 역시 포함되었다. 산모가 감염되면 태아가 유산되거나 이상이 많이 생긴다. 도파민이 많이 분비되는 사람은 모험과 탐험을 즐긴다고 알려져 있듯이, 톡소포자충에 감염되면 교통사고가 많이 나고('도로 위의 분노 road rage '라고 하는 충동적인 행동 때문이다), 자살률도 높아진다는 얘기까지 있다. 감염자가 이성에게 인기를 끈다는 보고도 있고, 연극성 성격장애, 조현병 등이 도파민 분비와 관련해 톡소포자충 감염과 연관을 보인다는 연구도 있다. 또한 실패에 대한 두려움이 줄어들어 회사 생활에도 긍정적인 영향을 끼친다고 한다. 이쯤 되면 이 기생충이 글자 그대로 인간을 바꾼다고 해도 그리 틀린 말은 아닐 듯싶다.

미생물은 지구에 최초로 나타난 생명체이면서, 외치가 그랬듯 인류가 존재하는 순간부터 함께해왔다. 마이크로바이옴에 관한 지식이 쌓여가면서 단순히 함께해온 정도가 아니라, 인간의 건강은 물론 정신세계에까지 몸속 미생물의 영향이 뻗어 있다는 사실이 밝혀졌다. 미생물은 부단히 인간을 바꿔왔다. 어쩌면 인간은 미생물에 종속된 존재가 아닐까?

10

미생물은 의료의 모습을 어떻게 바꿀까?

면역항암요법과 세균 매개 암 치료법

경구용 항생제를 사용하던 초반에는 장내 세균을 죽이기 때문에 생기는 것으로 여겨지는 잦은 설사로 환자들이 크게 시달렸습니다. 나는 덴버 재향군인병원의 외과 과장으로서 장내 세균이 죽어 없어지는 것에 따른 대응책으로 정상적인 미생물을 다시 도입하는 방법을 단순하게 고려했습니다. 아이디어가 있으면 그냥 시도해보던 시절이었습니다. 효과가 있는 듯싶어 논문을 썼습니다. 그로 인해 작은 물보라가 튀었습니다……. 행운을 빕니다.

2011년 분변 미생물 이식술에 관한
벤 아이즈만 Ben Eiseman 의 회고 이메일 중에서

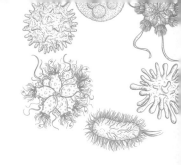

세균으로 종양을 치료하는 면역항암요법의 원조

마지막 장에서는 미생물을 직접 치료에 이용하는 사례를 다룬다. 앞서 9장에서 마이크로바이옴을 이야기했는데, 그 연장선이라고 할 수 있다. 마이크로바이옴 연구들은 일관되게 인체내 미생물 분포가 불균형할 때 건강에 문제가 생긴다고 보고한다. 어떤 미생물이 어떻게 존재하는지가 그토록 중요하다면 그것을 정상적으로 바꾸면 되지 않겠느냐란 생각으로 자연스레 이어진다. 당연히 많은 연구가 이뤄져왔다. 암과 감염질환 치료의 미래를 바꾸려는 시도라고 할 수 있다. 물론 여기에도 선구적인 시도가 있었다.

　　미생물, 그중에서도 세균으로 질병을 치료한다는 아이디어는 19세기 후반까지 거슬러 올라간다. 19세기 후반에야 파스퇴르와 코흐 등의 활약으로 세균병인론이 확립된 것을 고려하면, 이조차 매우 이른 시기다. 세균이 병을 일으킨다는 사실도 이제 막 깨달았는데, 세균을 이용해 병을 치료할 수 있다는 생각까지 하게 되었으니 말이다.

'콜리 독소',
미래 의료 기술의 첫 페이지

윌리엄 브래들리 콜리 William Bradley Coley 는 예일 대학교에서 고전학을 전공했다. 이후 하버드 의과대학에 진학해 의사가 되었다. 졸업 후 현재 세계에서 가장 유명한 암센터 중 하나인 메모리얼 슬론 케터링의 전신인 뉴욕 메모리얼 병원에서 일했다. 전도유망한 의사였던 그의 인생 경로는 1890년 열일곱 살의 발랄한 여자아이 엘리자베스 더실 Elizabeth Dashiell 을 만나면서 바뀌었다. 그녀는 콜리의 환자였다. 더실은 곱상한 소녀였지만, 손에 흉측한 육종 sarcoma 이 자라나고 있었다. 네 차례나 수술했지만, 결국 팔뚝을 절단해야만 했다. 하지만 암은 이미 온몸으로 퍼진 상태였고, 그녀는 수술 후 불과 10주 만에 죽음을 맞이했다.

더실의 죽음에 충격을 받은 콜리는 이 병을 연구하기 시작했다. 비슷한 종류의 육종 환자 기록을 찾던 중 7년 전 목에 생긴 커다란 육종을 수술했다는 환자 프레드 스타인 Fred Stein 의 사례를 발견했다. 여러 차례 종양 제거 수술을 받았지만 더실처럼 완전히 제거하는 데는 실패한 사례였다. 그런데 의료 기록에 희한한 내용이 적혀 있었다. 마지막 수술 후 스타인은 수술 부위가 화농연쇄상구균 Streptococcus pyogenes 에 감염되어 심각한 단독 erysipelas, 丹毒 을 앓았다. 감염 때문에 고열에 시달렸고, 거의 죽기 직전까지 갔지만 용케 살아났다. 그런데 신기한 현상이 나타났다.

감염으로 열이 오르락내리락하는 과정에서 열이 오를 때면 종양이 부드러워지면서 작아지는 듯했다. 4개월 후 담당 의사는 스타인의 목에서 종양이 사라졌다고 기록했다.

콜리는 스타인과 그를 담당했던 의사를 찾아 나섰고, 그가 7년이 지난 후에도 멀쩡히 살아 있을 뿐 아니라 암도 완전히 치유되었음을 확인했다. 의료 기록을 뒤져 더 많은 사례를 찾아낸 콜리는 세균이 종양을 공격해서 암을 치유한다는 가설을 세운 뒤, 이를 입증할 실험을 시도했다. 육종 환자에게 화농연쇄상구균을 일부러 감염시켜 보는 것이었다. 콜리는 유럽을 여행하던 동료에게 부탁해 독일의 코흐에게서 심각한 단독을 일으키는, 아주 강력한 세균을 얻기까지 했다. 1891년 콜리는 이탈리아 이민자로 '졸라Zola'라는 이름만 기록되어 있는 환자에게 처음으로 세균을 이용한 치료를 시도했는데 놀랍게도 성공을 거두었다. 치료되지 않을 것 같던 종양이 용해되더니 2주 만에 사라진 것이다. 졸라는 회복 후 8년을 더 살다가 종양이 재발해서 죽었다.

이후 콜리는 살아 있는 화농연쇄상구균을 이용한 암 치료를 이어 갔다. 성공 사례도 있었지만, 환자가 감염으로 죽기도 했다. 경험을 축적하며 살아 있는 세균을 감염시키는 일은 위험하다고 깨달은 콜리는 1899년 가열해 사멸시킨 세균을(이번에는 화농연쇄상구균 이외에도 세라티아마르세센스Serratia marcescens라는 세균도 포함했다) 포함한 혼합물을 만든다. 곧이어 이 혼합물은 '콜리 독소Coley's Toxin'라는 이름으로 제약회사를 통해 판매되기 시작했다.

콜리 독소의 효과는 들쭉날쭉했다. 종양이 줄어들거나 나아진 사

《뉴욕 타임스》지에 실린 윌리엄 콜리(중앙)의 사진

람도 있었고, 감염이 치료할 수도 없는 지경에 이르는 경우도 적지 않았다. 콜리 독소는 미국의 신약 규정이 바뀌는 1962년까지 판매되었고 (독일에서는 1990년까지도 사용되었다), 콜리는 의사로 일하는 40년 동안 1,000명 이상에게 이 치료법을 썼다고 한다. 콜리의 딸 헬렌 콜리 나우츠 Helen Coley Nauts 가 비영리 암연구소를 설립해 연구를 이어갔고, 종양 면역학 연구 자금을 지원하기도 했다. 그렇지만 다른 의사들은 결과를 예측할 수 없는 이 치료법을 믿지 못했다. 그런데 거의 돌팔이 수준으로 평가되던 콜리가 21세기 들어 일종의 선지자로 격상되는 일이 벌어졌다.

바로 **면역항암요법** cancer immunotherapy 의 부상 때문이다. 2018년 노벨 생리의학상은 면역항암제의 원리를 처음 규명한 공로로 미국의 제임스 엘리슨James P. Allison 과 일본의 혼조 다스쿠本庶佑에게 주어졌다. 면역항암제란 암에 걸렸을 때 면역체계를 활성화해 종양세포를 공격하도록 하는 약품을 말한다.

사실 21세기에 들어서기 전까지만 하더라도 면역요법이 암 치료에 중요하게 작용하리라고 여기지 않았다. 그런데 앨리슨이 1990년대에 암세포가 면역체계의 공격을 피하기 위해 T세포의 신호 물질인 CTLA-4 Cytotoxic T-Lymphocyte Antigen-4 와 결합하는 물질(B7)을 만들어낸다는 것을 발견했다. 그는 면역세포의 CTLA-4가 암세포의 물질과 결합하지 못하도록 단클론항체인 최초의 면역항암제 이필리무맙ipilimumab, 상품명 여보이Yervoy를 만들었다. 암세포의 방해를 받지 않은 면역세포는 암세포를 공격했고, 흑색종이 치료되었다.

혼조는 또 다른 면역세포의 표면 물질을 찾아냈다. 바로 PD-1 Programmed cell death protein-1 으로 역시 암세포가 만들어내는 물질(PD-L1)과 결합하면 면역 관문immune checkpoint 이 제대로 작동하지 않아 암이 생긴다. 혼조는 앨리슨처럼 PD-1이 PD-L1과 결합하는 것을 막는 단클론항체 항암제 니볼루맙nivolumab, 상품명 '옵디보Opdivo'를 개발했다.

비록 면역항암제가 아직 모든 암에 효과적이지 않고, 같은 암이라고 하더라도 환자마다 효과가 달리 나타나는 등 개선과 연구가 필요한 부분이 많지만, 면역항암제는 현재 치료제가 잘 듣지 않는 말기 암 환자에게 희망을 주고 있다. 암과의 전쟁에서 중요한 전환점이 되리란 기대와 함께 많은 연구자가 이 분야에 뛰어들고 있다.

그런데 왜 콜리가 면역항암제와 관련해서 주목받는 걸까? 그 이유는 환자 전부에서는 아니지만, 일부 환자에서 콜리 독소의 병원균 성분이 면역반응을 일으켜 암을 치료한 것으로 여겨지기 때문이다. 언뜻 보면 백신의 원리와 비슷하다. 하지만 백신이 치료하고자 하는 질병의 병원체나 그 성분으로 만든다면, 콜리 독소는 암과는 전혀 관계가 없는 죽은 세균을 이용했다는 점에서 차이가 있다. 콜리는 항암과 면역의 관계를 구체적으로 증명해내진 못했지만, 어쨌든 면역항암제의 원리를 구현하고 시도한 인물로 여겨진다. 면역항암요법이 주목을 받으면서 콜리 독소도 흘러 지나가는 여느 의학사 에피소드에서 반드시 기억해야 하는 역사 이야기로 변모했다. 이렇게 면역항암제라는 미래 의료 기술의 역사 첫 장에 콜리와 콜리 독소, 세균이 자리하게 되었다.

리스테리아균의 독소로
췌장암을 치료하는 역설

최근에는 암을 치료하는 데 미생물을 직접 적용하는 방법이 시도되고 있다. 면역항암제의 선구자로 콜리를 지목하는 것에서 더 나아가, 좀 더 직접적으로 콜리의 아이디어를 적용하는 것이다. 다만 콜리처럼 바로 병원균을 사용하거나 죽은 세균을 섞은 용액을 주사하는 대신, 현대 생명과학의 발달에 따라 세균을 변형해 이용한다. 이른바 **세균 매개 암 치료법** Bacterial-mediated cancer therapy; BMCT 이라 불리는 방법이다.

세균 매개 암 치료법은 세균으로 세포의 면역반응을 활성화하는 방법, 항암제를 전달하는 벡터로서 세균을 이용하는 방법, 세균의 독소나 효소를 이용하여 암세포를 파괴하는 방법, 총 세 가지 전략으로 구분된다. 하지만 이런 전략이 명확히 구분되기보다는 혼용되는 경우가 많다.

전략을 구사하는 데에는 세균의 저산소 친화력, 자가 운동성, 면역원성, 유전자 조작의 용이성, 약물 전달체로서의 능력 등을 이용한다. 다른 것은 설명이 크게 필요 없을 듯한데, 한 가지 저산소 친화력이 무엇인지는 설명해야 할 것 같다. 저산소 친화력이란 세균이 산소가 없는 환경에서 잘 살아가야 한다는 얘기다. 암세포는 정상 세포보다 확연히 빨리 자라기 때문에 혈관의 생성이 그 속도를 따라가지 못해 저산소 환경이 조성된다. 그래서 세균이 암세포에서 '활약'을 하자면 산소가 적은 환경에서 잘 살 수 있어야 한다.

세균 매개 암 치료 전략 중 세균이 인체의 면역반응을 활성화하여 암을 치유하도록 하는 방법은 앞서 얘기한 대로 콜리의 방법이 해당된다(고 여겨진다). 콜리가 사용한 화농연쇄상구균 외에도, 1920년대에 결핵 백신의 균주로 유명한 바실러스 칼메트게랭*Bacillus Calmette-Guérin; BCG* 균주(미코박테리움 보비스*Mycobacterium bovis*에 속한다)를 암 치료에 이용한 적이 있는데, 이 역시 비슷한 효과를 노린 것이었다. 최근에는 식중독균을 이용하는 방법이 활발하게 연구되고 있다.

리스테리아균*Listeria monocytogenes*은 식중독을 일으키는 세균으로 종종 외신을 통해서 접하는 병원균이다. 얼마 전에는 우리나라에서 미국으로 수출한 팽이버섯에서 이 세균이 검출되어 대량 리콜되었다는 보도도 있었다. 그런데 이 세균이 숨죽이고 있던 인체의 면역체계를 활성화하여 췌장암을 치료할 수 있다는 가능성이 제기되었다. 췌장암은 암 중에서도 예후가 매우 좋지 않은 암에 속한다. 환자가 증상을 알아차리기 힘들기 때문에 증상을 알게 될 즈음이면 이미 암세포가 온몸에 전이된 경우가 흔하다. 또한 췌장세포는 면역반응을 억제하는 세포들에 둘

러싸여 있어서 면역체계의 감시에 잘 인식되지 않아 앞서 소개한 면역 항암제도 적용하기가 힘들다. 그런데 최근 리스테리아균을 이용해서 이 치명적인 췌장암을 치료하려는 시도가 이뤄지고 있다. 대표적인 것이 2022년 미국의 앨버트 아인슈타인 의과대학의 클라우디아 그레이브캠프Claudia Gravecamp 를 비롯한 연구진이 발표한 연구다. 이들은 파상풍독소tetanus toxin 를 분비하도록 만든 리스테리아균이 췌장암을 치료할 수 있다는 긍정적인 전망을 내보였다.

왜 리스테리아균과
파상풍균을 조합할까?

왜 다른 균이 아닌 리스테리아균일까? 바로 리스테리아균의 독특한 감염 특성 때문이다. 원래 식중독균인 리스테리아균은 숙주세포 내에서만 살아갈 수 있는 조건부 세포내 기생세균이다. 그런데 이 세균은 다른 세포내 감염 세균들과 달리 숙주세포의 식포phagosome 내에 그냥 머물지 않고, 식포의 세포막을 찢으며 세포질로 뛰쳐나온다. 세포질에서 세균을 충분히 복제한 다음, 세포 주변부로 이동하여 옆 세포로 침투한다. 이 과정을 반복하면서 많은 세포를 감염시키고 또 파괴한다. 그러니까 하나의 암세포로 침투했다면 순차적으로 여러 암세포를 모두 감염시키는 특성을 지닌 세균이다.

연구진은 리스테리아균의 독성을 약하게 만든 후, 파상풍독소를 합성하는 유전자를 세균의 유전체에 집어넣었다. 보통 독성이 약한 리스테리아균은 면역세포의 공격을 받아 죽지만 췌장암세포는 면역반응을 약화하기 때문에 세균이 췌장암세포로 들어갈 수 있다. 연구자들은 췌장암세포로 들어간 세균이 유전자의 명령에 따라 파상풍독소를 분비할 테고, 이 독소가 면역세포인 T세포를 자극해 활성화할 거라고 기대했다.

그렇다면 또 왜 파상풍독소일까? 파상풍독소는 혐기성세균인 파상풍균*Clostridium tetani* 이 분비하는 물질로 신경전달을 마비시키는 매우 위험한 독소다. 그런데 우리는 거의 대부분 이 세균에 면역력을 갖는다. 갓난아이 때 반드시 맞는 예방백신 중 하나인 DPT 백신이 디프테리아, 백일해, 파상풍의 3종 혼합백신인 것이다. 그러니까 우리는 생애에 대한 기억이 생기기도 전에 파상풍독소에 대한 기억을 갖는 셈이다. 파상풍독소가 들어오면 이 독소를 기억하는 T세포가 활성화된다.

그레이브캠프 연구진은 유전자 조작한 리스테리아균을 췌장암에 걸리도록 만든 생쥐에 투여했다. 그 결과 췌장암 전이가 87퍼센트 감소했다고 보고했다. 암세포의 크기는 80퍼센트가량 줄었고, 수명도 리스테리아균 처방을 받지 않은 생쥐에 비해 40퍼센트나 늘었다. 충분히 기대할 만한 수치 아닌가?

암 치료에 이용하려고 도모되고 있는 또 다른 세균으로는 고대 아테네를 초토화해 역사의 물줄기를 바꾼 장티푸스균, 살모넬라도 있다(2장 참조). 살모넬라 역시 조건부 혐기성 세균이기에 저산소 상태인 암조직에 친화성이 높아 암세포에 잘 침투한다. 그래서 살모넬라는 다른 어떤 세균보다도 항암치료에 활발히 연구되고 있다.

그런데 살모넬라는 앞서 살펴봤듯, 인체에 들어가면 치명적인 감염질환을 일으킬 수 있다. 따라서 항암치료에 이용하기 전에 정상세포에 대해서는 독성을 약화하고, 특별히 암세포에만 작용하도록 해야 한다. 그렇게 만든 대표적인 살모넬라 균주가 VNP20009, AR-1, Δ ppGpp 같은 것들이다.

VNP20009는 *purI*와 *msbB* 유전자를 없애버려 병독성을 감소시킨 균주다. 이 균주는 정상세포에 비해 암세포 조직을 1,000배 이상 선호하고, 면역체계에 의해 24시간 이내에 혈액에서 제거된다. 암세포에 침입한 VNP20009 균주의 살모넬라는 종양 부위에 자연살해세포 NK cell 와 T세포의 활성을 유도하거나, 자가포식 autophagy 매개 항암 효과*를 나타내거나, 사이토카인 CCL21을 발현해 암세포를 파괴하는 것으로 보고되었다. 아르기닌 arginine 과 류신 leucine 을 영양물질로 필요로 하도록 만든 AR-1 균주 역시 VNP20009와 비슷한 작용을 한다고 알려져 있고, 살모넬라의 대표적인 독성 유전자인 *relA*와 *spoT* 유전자를 결실시킨 ΔppGpp 균주는 인터루킨-1을 통해 암세포를 억제하는 등의 작용을 한다.

이 밖에도 사람의 피부에 상재하는 표피포도상구균 Staphylococcus epidermidis , 대장균 Escherichia coli , 여러 종의 클로스트리디움 Clostridium , 광합성 세균 등 많은 세균 종을 생물공학적으로 조작하여 세균-매개 암

---

* 세포가 살아가는 데 필요하지 않은 세포의 구성성분을 스스로 파괴하는 현상을 말한다. 세포내 소기관이 망가져서 교체할 필요가 있거나, 영양분이 부족할 때 스스로 세포내 소기관을 파괴하면서 세포내 에너지를 보충하는 과정이다.

치료법 연구에 이용한다. 아직까지는 임상적으로 환자에 단독으로 사용될 정도는 아니나, 고형 및 전이성 종양 치료에 의미 있는 결과를 보이고 있다고 한다. 아직은 세균과 치료 약물 사이의 예측할 수 없는 상호작용, 유전자의 불안전성, 생물 안전성과 같은 문제에 따른 고려가 많이 필요하지만, 합성생물학이나 나노공학 등 눈부시게 발달하는 현대 생물공학 기법을 이용한다면 안전하고 효과 좋은 암 치료법으로 자리잡을 것으로 기대된다.

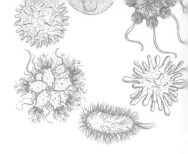

분변 미생물 이식술,
씨디피실 감염의 치료 가능성을 열다

세균을 직접 치료에 이용하는 예는 다른 분야에서도 쉽게 찾을 수 있다. 다름 아닌 감염질환이다.

염증성 장질환Inflammatory Bowl Disease; IBD 의 한 종류인 위막성 대장염 Pseudomembranous Colitis 은 병원에서 가장 치료하기 힘든 감염질환 중 하나다. 이 병은 지독한 설사로 악명이 높다. 끈끈한 점액변과 더불어 열이 나거나 복통이 생기기도 한다. 이 병을 일으키는 주범은 **클로스트리디오이데스 디피실레** *Clostridioides difficile* *라는 세균으로, 흔히 줄여서 '씨디피실' 혹은 '씨디피'라고 한다.

씨디피실은 산소가 없는 환경에서 자라는 그람-양성 gram-positive

---

* 과거 클로스트리듐 디피실레*Clostridium difficile* 라고 했고, 2016년 새로운 속명인 클로스트리디오이데스 *Clostridioides*로 새로 분류되었다. 하지만 지금도 '*Clostridium diffficile*'라고 많이 불리고, 문헌에서도 자주 쓰인다.

혐기성균으로 포자를 만든다. 운동성도 있다. 사람뿐만 아니라 자연 어디서나 발견되는 세균으로 특히 토양에 많이 존재한다. 영양세포의 경우엔 불규칙한 막대 모양이고, 쌍으로 존재하거나 사슬 모양으로 연결되기도 한다. 세포의 끝부분이 돌출된 것이 특징이고, 이 돌출부 바로 아래쪽에 포자가 형성된다. 포자는 이 세균이 극한 조건에서도 생존할 수 있도록 한다. 장독소 A와 B, CDT *Clostridioides difficile* transferase 세 종류의 독소를 만들어내어 사람을 괴롭힌다.

정상적인 상태에서 인체의 마이크로바이옴이 건강하면 씨디피실은 다른 세균과의 경쟁을 이겨내지 못하고 장에서 서식하지 못하거나 거의 힘을 쓰지 못한다. 그런데 과도한 항생제 사용 등으로 장내 정상적 마이크로바이옴이 파괴되면 포자가 발아하면서 씨디피실이 번성하고, 독소가 방출된다. 독소에 따라 장관 점막이 파괴되면 염증 반응이 생기고 위막(가짜 막)이 생긴다.

대표적인 병원내 감염인 씨디피실 감염은 미국에서는 매년 50만 명 이상에서 발생하고 사망률도 9퍼센트에 달한다. 우리나라에서도 매년 만 명당 23명에게서 발생하는 것으로 조사되었고, 치료한 후에도 재발하는 비율이 나이에 따라서 절반 이상에 이를 정도로 심각하고 위험한 질병이다. 세균 감염이므로 항생제로 치료할 수 있을 것 같지만, 애초에 항생제 사용으로 생긴 질환이라 오히려 항생제 사용을 끊어야 한다. 그래서 메트로니다졸 metronidazole 같은 항원충제를 쓰지만 우리나라에서는 효과가 떨어지고, 효과적인 것으로 알려진 반코마이신 Vancomycin 과 같은 항생제는 내성 발생 위험도 있다. 또한 장의 연동운동 능력이 떨어지면 장내 세포독소에 노출되는 시간이 증가하므로 이에 영향을 주는 약물은 피해야 하는데, 위산 생성을 억제하는 약물들이 그렇다. 그만큼 치료할 수 있는 약제 선택에 제한도 많고, 치료도 잘되지 않는 감염질환이 바로 위막성 대장염, 씨디피실 감염이다.

마이크로바이옴,
질병 해방의 열쇠

이런 감염질환에 최후의 희망처럼 등장한 치료법이 있다. 바로 **분변 미생물 이식**Fecal Microbiota Transplantation; FMT, 또는 **세균요법**bacteriotherapy 이라고 불리는 방법이다. 아주 간단히 말해 건강한 사람의 대변을 아픈 사람에게 이식하는 방법으로, 전혀 새로운 치료법은 아니다. 과거 중국에서는 극심한 설사 환자에게 분변 용액을 먹이라고 기록하기도 했고, 16세기에도 독일의 한 의사가 장질환에 대변 섞은 물을 사용했다는 기록이 있다.

현대에 들어서는 1958년 미국 콜로라도주의 외과의사인 벤 아이즈만(이 장의 맨 앞에 인용한 이메일의 주인공이다)이 위막성 대장염 환자 네 명에게 대변을 항문으로 주입한 시술이 최초의 시도였다. 당시 위막성 대장염은 원인(씨디피실)이 밝혀지기 전이었고, 치명률도 75퍼센트에 달할 정도로 심각한 질병이었다. 아이즈만의 시도는 대성공을 거뒀다. 아이즈만의 분변 미생물 이식술을 이어받은 이는 호주의 토머스 보로디 Thomas J. Borody 로, 1988년 그의 치료팀은 궤양성 대장염 환자 치료에 분

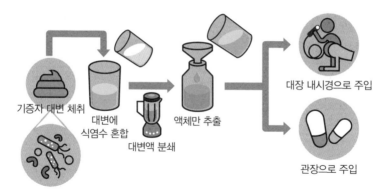

기증자 대변 체취   대변에 식염수 혼합   대변액 분쇄   액체만 추출   대장 내시경으로 주입   관장으로 주입

분변 미생물 이식의 흐름

변 미생물 이식술을 처음 이용했다. 이어 1989년에는 궤양성 대장염을 비롯해 변비, 설사, 복통, 크론병을 앓는 환자 55명에게 분변 미생물 이식술을 시도했고, 절반 이상의 환자가 완치되거나 증상이 나아졌다.

아이즈만에서 비롯되고, 보로디에 의해 계승되어 오던 분변 미생물 이식술은 2013년 네덜란드의 요스버르트 켈러르Josbert J. Keller를 중심으로 한 연구진의 무작위 대조군 임상시험 이후 많은 시험적 연구로 그 효과가 검증되었다. 씨디피실 감염에 일관되게 90퍼센트 이상의 치료 효과가 보고될 정도다.

분변 미생물 이식술은 건강한 사람의 분변 30~500그램을 콧구멍에 고무관을 넣어 주입하거나 대장 내시경 또는 관장으로 직장에 주입하는 방법을 사용한다. 이 방법은 몸에 이로운 유산균, 즉 프로바이오틱이 든 음료를 마시는 것과 유사한 개념이지만, 일부 특정 미생물을 주입하는 것이 아니라 건강한 마이크로바이옴 전체를 통째로 이식한다는 점에서 다르다. 과도한 항생제 사용으로 파괴된 몸속 세균 조성을 정상적인 상태로 재구성하자는 것이다. 확장해서 보면 생태계 이식이라고 할 수 있고, 장기 이식과도 별로 다를 바 없다.

분변 미생물 이식이 씨디피실 감염에 대단히 효과적인 것으로 확인되면서 연구자와 의사 들은 다른 질환에도 이 방법을 적용하려고 시도했다. 원인이 다른 염증성 장질환, 과민대장증후군, 자가면역질환, 비만, 당뇨병 등에 치료를 시도하고 있고, 자폐스펙트럼장애와 치매와 같은 정신건강질환과 관련해서도 미국식품의약국Food and Drug Administration; FDA의 허가 아래 임상시험이 수행되고 있기도 하다. 노인의 장내 마이크로바이옴을 젊은 사람의 것으로 교체하면 질환 치료뿐만 아니라 젊음의 활력을 찾고 건강해질 것이라는 장밋빛 전망을 내놓는 사람도 있다. 이에 따라 전 세계에 미국의 오픈바이옴Open Biome 같은 대변 은행이 설립되고 있기도 하다.

물론 현재까지 씨디피실 감염 외의 질환에 대한 분변 미생물 이식의 효과는 들쑥날쑥하고, 아직 안전성 면에서 검증되어야 할 부분도 많다. 현재는 씨디피실 감염에 따른 분변 미생물 이식술도 대형병원에서 임상시험위원회Institutional Review Board; IRB의 심사를 거쳐야만 시술할 수 있다. 분변을 이식한다는 심리적 저항감도 극복해야 할 부분이다. 그래서 최근에는 분변 미생물 이식술의 한계를 극복하는 방안으로 마이크로바이옴 기반 신약 개발이 한창이다. 마이크로바이옴 기반 신약은 분변에서 직접 얻거나, 미생물을 변형하거나, 미생물이 만드는 물질을 이용해서 개발한다.

과거 우리는 세균을 비롯한 미생물을 질병을 일으키는 못된 녀석으로만 여겼다. 그러나 이제는 해로운 세균뿐만 아니라 우리에게 유익한 미생물도 있다는 것을 안다. 그뿐만 아니라, 해롭다거나 이롭다는 식으로 이분법적으로 미생물을 나눌 수 없으며, 대신 미생물 군집의 균형이 중요하다는 사실도 깨달았다. 미국 뉴욕 대학의 마틴 블레이저Martin Blaser가 인간 진화의 운명이 우리의 마이크로바이옴과 긴밀하게 연관되어 있다고 말했듯이, 미생물은 과거뿐 아니라 곧 현재가 될 미래에도 우리와 함께할 것이다. 이러한 깨달음은 미생물을 이용한 질병 치료로 나아가고 있다. 인류가 아직도 달성하지 못한 질병에서의 해방은 어쩌면 미생물에서 그 답을 찾을 수 있을지 모른다.

결국 인간의 몫이다

대비가 없던 것은 아니다. 과학자들은 조만간 질병이, 그것도 치명적인 질병이 올 것을 모르지 않았다. WHO는 2018년 전 세계적인 팬데믹을 유발할 수 있는 병원체에 '질병 X Disease X'라는 이름을 붙이고 심각한 감염질환이 유행할 것을 대비해 모든 종류의 조치와 안전 대책을 마련해 놓았다(고 했다). 우리나라에도 최고 수준은 아닐지라도 상당한 대비책이 있었다. 실제로 사스Severe Acute Respiratory Syndrome; SARS 때 성공한 경험도 있었다. 그러나 실제로 코로나19가 닥치자 아무런 대책이 없는 듯 보였다. 어떤 나라도 마찬가지였다. 그동안 세워놓은 팬데믹 지침, 정교한 시뮬레이션, 이전의 경험에서 얻은 교훈 같은 것들은 아무 소용이 없어 보였다.

방침이 잘못되었을까? 그랬을 수 있다. 너무 안일하게 생각하고, 무엇이 유행할지 잘못 예측해 방침을 잘못 세웠을 수도 있다.

잘못 실행했을까? 그랬을 수도 있다. 방침은 제대로 세웠지만 실행하는 데 너무 굼떴거나 안일했을 수 있다. 혹은 인력이 부족했거나, 시스템을 제대로 만들지 못했을 수도 있다.

우리가 대응할 수 없는 존재였을까? 그랬을 수도 있고, 그렇지 않을 수도 있다. 바이러스는 자신의 모습을 자주, 아니 아주 잘 바꾼다. 코로나바이러스라는 존재는 익숙했지만, 새로운 코로나바이러스 변이에는 누구도 면역이 없었다. 다만 우리는 신속하게 mRNA 백신과 같은 대응책을 만들어냈다.

어쩌면 세계가 너무 좁아졌기 때문일까? 그랬을 수도 있다. 우한에서 발생한 바이러스가 이탈리아 북부 유명 휴양지에 도달하는 데 단 열몇 시간이면 충분했다. 미생물에게 세계는 거의 하나나 다름없는데, 정작 우리의 대응은 그렇지 못했던 것도 속수무책 당한 원인의 하나일 것이다. 고립된 채로 살 수 없으니 달리 방도가 없는 일 같기도 하다. 이 모든 요인이 복합적으로 작용했다는 것이 가장 정답에 가까울 것이다.

3년간 옴짝달싹 못 하던 시간은 일단 지나갔다. 21세기 첫 팬데믹이 어떻게 기억될지는 아직 모른다. 시간이 지나고 "그런 일이 있었지" 하고 여유롭게 되돌아볼지, 아니면 "그때 대재앙이 시작되었지" 하고 고개를 떨굴지 알 수 없다. 일반인은 물론 바이러스학자들도 고작 코로나바이러스에 인류가 옴팡 당하리라고는 예측하지 못했다. 코로나바이러스는 보통 감기나 일으키는 바이러스로 알려졌었다. 물론 사스나 메르스 Middle East Respiratory Syndrome; MERS 도 코로나바이러스의 일종이었지만, 사스는 잠깐 휘몰아치고는 이유도 불분명하게 사라져버렸고, 메르스도 우리에겐 깊은 생채기를 남겼지만 전 세계로 번지지는 않았다. 코로나바이러스는 역사에 남았다. 역사를 예측할 수 없듯, 역사에 남는 미생물 역시 예측할 수 없다. 환경이 바뀌고 세계가 연결되는 만큼 더더욱 그렇다.

나쁜 것은 미생물이 아니다

요약할 겸 이 책에서 이야기해보고 싶었던 내용을 다시 한번 정리
해본다.

우선 여러 장에서 반복해 이야기하고 있듯, 또 미처 책에 담지 못
한 많은 이야기가 보여주듯(이를테면, 14세기 유럽 인구 3분의 1 이상을 몰
살시킨 흑사병의 원인균인 '페스트균', 유럽 정복을 앞둔 나폴레옹의 무리한 러
시아 원정을 좌절시킨 '티푸스 장군' 발진티푸스의 원인균 '리케차 프로바제키'
등) 역사 속에서 미생물은 파괴적인 역할을 했다. 연구자들은 호모사피
엔스가 출현 후 얼마 지나지 않아 거의 멸종에 가까운 피해를 입었을 것
으로 파악한다. 말하자면 현재 전 세계에 퍼져 있는 인류는 이른바 병목
효과bottleneck effect 로 형성된 매우 균일한 개체군이라는 얘기다. 재해를
딛고 일어선 호모사피엔스도 대단히 생명력이 강하다 할 수 있지만, 그
게 무엇 때문인지는 모른다. 대신 우리는 역사 시대written history 이후로
기록된, 페스트균이나 천연두바이러스, 콜레라균, 인플루엔자바이러스
와 같은 가공할 만한 위력을 지닌 미생물에 대해선 꽤 많이 안다. 인류
진화 초기의 멸종 위기 때처럼 당대에 살았던 이들도 인류의 내일을 기
약할 수 없다고 여겼을지도 모른다.

하지만 미생물이 인간에게 질병을 일으키는 것 또한 그들이 살아
가는 방식 때문이다. 증식이라는 미생물 본연의 목적을 달성하는 과정에
서 맞닥뜨린 존재가 인간이었을 뿐이다. 그뿐만이 아니다. 미생물의 목적
을 인간 역사에서 파괴적인 역할로 전환시킨 것은 다름 아닌 인간이었다.

이제 독자들은 그것만이 전부는 아니라는 사실을 잘 알 것이다. 미생물이 모두 위험하지만은 않다는 것을. 사실 사람에게 반드시 질병을 일으키는 미생물은 그리 많지 않다. 병원체를 나누는 방법은 여러 가지지만, '1차 병원체 primary pathogen'와 '기회주의적 병원체 opportunistic pathogen'로 나누는 경우가 많다. 1차 병원체란 숙주, 그러니까 사람의 상태와는 상관없이 무조건 병을 일으키는 병원체를 말한다. 반면에 기회주의적 병원체는 사람의 상태에 따라, 즉 인체의 방어 능력이 약해졌을 때만 병을 일으킨다. 대부분의 미생물은 기회주의적 병원체다. 기회주의적 병원체는 흔하게 존재하기 때문에 더 많은 감염을 일으키지만, 면역력을 높이는 방식 등으로 방어할 수 있다. 1차 병원체의 경우에도 보건당국이나 의료계가 더욱 심각하게 감시하고 신경을 쏟고 있다.

대부분의 병원체가 기회주의적이라는 말은 많은 미생물이 인체 내에서 대체로 중립적이라는 뜻이다. 인간 면역력은 완전하지 않기에 감염되는 사람이 생길 뿐이다. 또한 도움이 되는 미생물도 적지 않다. 물론 중립적인 미생물의 다양한 특성을 인간이 이용하는 것이긴 하지만 말이다. 다시 한번 깨닫는 것이지만, 결국은 사람의 손에 달렸다.

역사가 그렇듯 여기서 다룬 대부분의 미생물 이야기는 과거의 이야기다. 하지만 여전히 현재의 이야기이기도, 미래의 이야기이기도 하다. 과거는 우리에게 반성과 학습을 요구한다. 과거를 반영하는 현재를 통해 우리는 미래의 모습을 만들어나간다. 우리가 코로나19 팬데믹을 "그런 일이 있었지"와 "그때 대재앙이 시작되었지" 중 어느 쪽으로 회상하게 될지는 예측하기 힘들지만, 답은 결국 우리가 어떤 미래를 그려나

가느냐에 달렸다. 우리는 이제 많은 것을 알고 있지만, 더 많이 알아내야 하고, 또 그것을 현명하게 이용할 줄 알아야 한다. 역사는 그에 따라 만들어질 것이다. '들어가는 글'에서 교훈적인 책이 되는 것은 피해보겠다고 했는데, 역시나 잘되지 않았다. 우리는 역사에서 배워야 하고, 미생물도 열심히 연구해야 한다.

감사의 글

지금까지 세 권의 책을 내면서도 나 스스로를 '읽는' 사람이라 생각했지, '쓰는' 사람이라고는 여기지 않았습니다. 그래서인지 이런저런 자리에서 가끔 '작가'라고 소개되면 쑥스러워 어쩔 줄을 몰라한 것 같습니다. 네 번째 책을 내면서는 비로소, 어쩌면 내가 '쓰는' 사람이 되어가는 중인지도 모른다는 생각이 들었습니다.

왜 그런지 생각해보면, '읽고', '쓰는' 일이야 이전과 거의 다름없지만, 쓰는 내용에 '역사'가 덧붙여졌습니다. 내 전공을 벗어난 부분이 많아졌다는 느낌 때문에 그런지도 모르겠다는 게 제 추측입니다. 비록 대학 시절부터 늘 역사에 관심을 가져왔지만, 글로 만들고 엮어내는 일은 또 다른 일이었습니다.

겁 없이 덤비기는 했지만, 진짜 책으로 만들어져 나오는 시점이 점점 다가오니 이전보다 훨씬 두려운 마음이 큽니다. 역사와 미생물 양쪽에서 모두 만족스러워야 하는데, 아니 최소한 잘못은 없어야 하는데…… 최선을 다하긴 했지만, 최선으로 모든 게 해결되지는 않는다는 것을 꽤 오랜 세월 동안 깨달아왔습니다. 잘못되었거나 부족한 부분은 제가 감당해야 할 몫으로 생각합니다. 알려주시면 공부라 여기겠습니다. 너른 아량 함께 부탁드립니다.

조금이라도 새로운 얘기를 하고 싶었습니다. 그래서 역사와 미생물의 관계를 애기할 때 빼놓지 않고 등장하는 14세기 흑사병을 일으킨 페스트균 애기나, 유럽을 호령하던 나폴레옹의 러시아 원정을 처참한 실패로 멈춰 세운 티푸스 장군, 리케차 프로바제키라는 세균을 다룬 내용 등은 고심 끝에 과감히 뺐습니다. 그래서 역사의 흐름에 결정적인 역할을 한 세균의 목록으로는 조금 불완전해졌을지는 모르지만, 좀 더 다양한 미생물의 활약을 보여줄 수 있었다고 생각합니다.

이번 책도 여러 사람의 도움을 받았습니다. 바이러스 관련한 부분은 성균관대학교 의과대학 안진현 교수님께, 콜레라 부분은 한양대학교 약학대학 김동욱 교수님께 보여드리고 자문을 구했습니다. 내가 할 수 있는 보답이라곤 이 책 한 권과 감사의 인사말뿐인데도 기꺼이 시간을 내주시고, 지식과 지혜를 보태주셨습니다. 정말로 감사드립니다. 갈매나무의 박선경 대표, 이유나 편집장, 지혜빈 편집자, 그리고 책이 이렇게 모양을 갖추어가는 데 손과 마음을 얹어주신 모든 분들께 고마운 마음을 전합니다. 감사합니다.

가족들에겐 늘 고마움과 함께 미안함을 갖습니다. 구구한 말이 필요할까 싶습니다.

참고자료

들어가는 글

김응빈, 《술, 질병, 전쟁: 미생물이 만든 역사》, 교보문고, 2021.

Bagcchi S., "Ho Wang Lee," *Lancet Infectious Diseases 2022;22*(10):1431.

Lee HW et al., "Isolation of Hantaan virus, the etiologic agent of Korean hemorrhagic fever, from wild urban rats," *Journal of Infectious Diseases. 1982;146*(5):638 – 644.

Noh JY et al., "Hemorrhagic fever with renal syndrome," *Infection & Chemotherapy 2019;51*(4):405 – 413.

Song JW, "In Memoriam: Professor Ho Wang Lee (1928-2022)," *Journal of Korean Medical Sciences 2022;37*(36):e274.

1장

강인욱, 《세상 모든 것의 기원》, 흐름출판, 2023.

김응빈, 《술, 질병, 전쟁: 미생물이 만든 역사》, 교보문고, 2021.

로버트 더글리, 《술 취한 원숭이》, 김홍표 옮김, 궁리, 2019.

멀린 셸드레이크, 《작은 것들이 만든 거대한 세계》, 김은영 옮김, 아날로그(글담), 2021.

미야자키 마사카츠, 《처음 읽는 술의 세계사》, 정세환 옮김, 탐나는책, 2023.

박현숙, 《마이코스피어》, 계단, 2022.

아담 로저스, 《프루프: 술의 과학》, 강석기 옮김, 엠아이디, 2015.

전무진. "술의 효시는 '원숭이의 과일주'". 과학과기술 2003년 12월호. 39-42.

존 L. 잉그럼, 《미생물에 관한 거의 모든 것》, 김지원 옮김, 이케이북, 2018.

캐서린 하먼 커리지, 《식탁 위의 미생물》, 신유희 옮김, 현대지성, 2020.

플로리안 프라이슈테터, 헬무트 융비르트, 《100개의 미생물, 우주와 만나다》, 유영미 옮김, 갈매나무, 2022.

Alba-Lois L, Segal-Kischinevzky C, "Beer & Wine Makers," *Nature Education 2010;3*(9):17.

Bai FY et al., The ecology and evolution of the Baker's yeast *Saccharomyces cerevisiae. Genes 2022; 13*(2):230.

Duan SF et al., The origin and adaptive evolution of domesticated populations of yeast from Far East Asia. *Nature Communications* 2018; 9:2690.

Fay JC, Benavides JA, Evidence for domesticated and wild populations of *Saccharomyces cerevisiae. PLOS Genetics 2005;1*(1):e5.

Liti G et al., Population genomics of domestic and wild yeasts. *Nature* 2009; 458:337-341.

2장

고관수, 《세균과 사람》, 사람의무늬, 2023.

로버트 자레츠키, 《승리는 언제나 일시적이다》, 윤종은 옮김, 휴머니스트, 2022.

마이클 비디스, 프레더릭 F. 카트라이트, 《질병의 역사》, 김훈 옮김, 가람기획, 2004.

베터니 휴즈, 《아테네의 변명》, 강경이 옮김, 옥당, 2023.

빅터 데이비스 핸슨, 《고대 그리스 내전, 펠로폰네소스 전쟁사》, 임웅 옮김, 가인비엘, 2009

산드라 헴펠, 《질병의 지도》, 김아람 옮김, 사람의무늬, 2021.

수전 캠벨 바톨레티, 《위험한 요리사 메리》, 곽명단 옮김, 돌베개, 2018.

시오노 나나미, 《그리스인 이야기》(1~3), 이경덕 옮김, 살림, 2017~2018.

신동원, 《호환 마마 천연두》, 돌베개, 2013.

아노 카렌(권복규 옮김), 《전염병의 문화사》(사이언스북스)

윌리엄 맥닐, 《전염병의 세계사》, 김우영 옮김, 이산, 2005.

황상익(편저), 《문명과 질병으로 보는 인간의 역사》, 한울림어린이, 1998.

Bates DG, "Thomas Willis and the epidemic fever of 1661: a commentary," *Bulletin of the History of Medicine.* 1965;39(5):393-414.

Kidgell C et al., "Salmonella typhi, the causative agent of typhoid fever, is approximately 50,000 years old," *Infection, Genetics and Evolution* 2002;2(1):39-45.

Neumann GU et al., "Ancient Yersinia pestis and Salmonella enterica genomes from Bronze Age Crete," *Current Biology* 2022; 32:3641-3649.

Papagrigorakis MJ et al., "DNA examination of ancient dental pulp incriminate typhoid fever as a probable cause of the Plague of Athens," *International Journal of Infectious Diseases* 2006;10(3):206-214.

Shapiro B et al., "No proof that typhoid caused the Plague of Athens (a reply to Papagriorakis et al.)," *International Journal of Infectious Diseases* 2006;10(4):334-335.

Skerman VBD, McGowan V, Sneath PHA, "Approved lists of bacterial names. Int. J. Syst.," *Bacteriol.* 1980;30:225-420.

Winter SE and Baumler AJ, "A breaking feat," *Gut Microbes.* 2011;2:58-60.

3장

니콜라스 터프스트라, 《르네상스 뒷골목을 가다》, 임병철 옮김, 글항아리, 2015.

데버러 헤이든, 《매독》, 이종길 옮김, 길산, 2004.

마이클 비디스, 프레더릭 F. 카트라이트, 《질병의 역사》, 김훈 옮김, 가람기획, 2004.

매트 리들리, 《혁신에 대한 모든 것》, 이한음 옮김, 청림출판, 2023.

신동원, 《호환 마마 천연두》, 돌베개, 2013.

앨러나 콜렌, 《10퍼센트 인간》, 조은영 옮김, 시공사, 2016.

앨프리드 W. 크로스비, 《콜럼버스가 바꾼 세계》, 김기윤 옮김, 지식의숲(넥서스), 2006.

어윈 W. 셔먼, 《세상을 바꾼 12가지 질병》, 장철훈 옮김, 부산대학교출판문화원, 2019.

윌리엄 맥닐, 《전염병의 세계사》, 김우영 옮김, 이산, 2005.

재레드 다이아몬드, 《총, 균, 쇠》, 김진준 옮김, 문학사상사, 2005.

조 지무쇼(편저), 《세계사를 바꾼 10가지 감염병》, 서수지 옮김, 사람과나무사이, 2021.

주경철, 《대항해 시대》, 서울대학교출판부, 2008.

Choi CQ & Livescience., "Case Closed? Columbus Introduced Syphilils to Europe," *Scientific American.* December 27, 2011.

Franzen C., "Syphilis in composers and musicians – Mozart, Beethoven, Paganini, Schubert, Schumann, Smetana," *European Journal of Clinical Microbiology & Infectious Diseases.* 2008;27:1151–1157.

Fraser CM et al., "Complete genome sequence of Treponema pallidum, the syphilis spirochete," *Science* 1988;281:375-388.

Gubser C et al., "Poxvirus genomes: a phylogenetic analysis," *Journal of General Virology,* 2004;85:105-117.

Liu PV. "Noguchi's Contributions to Science," *Science* 2004;305:1565.

Majader K et al., "Ancient bacterial genomes reveal a high diversity of *Treponema pallidum* strains in early modern Europe," *Current Biology* 2020;30:3788-3803.

Majander K et al., "Redefining the treponemal history through pre-Columbian genomes from Brazil," *Nature 2024.* https://doi.org/10.1038/s41586-023-06965-x.

M hlemann B et al., "Diverse variola virus (smallpox) strains were widespread in northern Europe in the Viking Age," *Science* 2020;369:eaaw8977.

4장

고관수, 《세균에서 생명을 보다》, 계단, 2024.

고관수, 《세상을 바꾼 항생제를 만든 사람들》, 계단, 2023.

대한미생물학회, 《의학미생물학》, 범문에듀케이션, 2021.

로날트 D. 게르슈테, 《질병이 바꾼 세계의 역사》, 강희진 옮김, 미래의창, 2020.

마크 코야마, 재러드 루빈, 《부의 빅 히스토리》, 유강은 옮김, 월북, 2023.

프랭크 M. 스노든, 《감염병과 사회》, 이미경, 홍수연 옮김, 문학사상, 2021.

Barberis I et al., "The history of tuberculosis: from the first historical records to the isolation of Koch's bacillus," *Journal of Preventive Medicine and Hygiene* 2017;58:E9-E12.

Brites D, Gagneux S, "Co-evolution of *Mycobacterium tuberculosis* and *Homo sapiens*," *Immunological Reviews* 2015;264:6-24.

Brosch R et al., "A new evolutionary scenario for the *Mycobacterium tuberculosis* complex," *PNAS* 2002;99:3684-3689.

Comas I et al., "Out-of-Africa migration and Neolithic coexpansion of *Mycobacterium tuberculosis* with modern humans," *Nature Genetics* 2013;45:1176-1182.

Gagneux S. "Ecology and evolution of Mycobacterium tuberculosis," *Nature Reviews Microbiology* 2018;16:202-213.

5장

로날트 D. 게르슈테, 《질병이 바꾼 세계의 역사》, 강희진 옮김, 미래의창, 2020.

리타 콜웰, 샤론 버치 맥그레인, 《인생, 자기만의 실험실》, 머스트리드북, 2021.

마이클 비디스, 프레더릭 F. 카트라이트, 《질병의 역사》, 김훈 옮김, 가람기획, 2004.

셸던 와츠, 《전염병과 역사》, 태경섭, 한창호 옮김, 모티브북, 2009.

스티븐 존슨, 《감염지도》, 김명남 옮김, 김영사, 2008.

예병일, 《의학사 노트》, 한울, 2017.

조 지무쇼(편저), 《세계사를 바꾼 10가지 감염병》, 서수지 옮김, 사람과나무사이, 2021.

"Epidemiological Alert - Resurgence of cholera in Haiti - 2 October 2022," Pan American Health Organization, https://www.paho.org/en/documents/epidemiological-alert-resurgence-cholera-haiti-2-october-2022.

Chin C-S et al., "The origin of the Haitian Cholera outbreak strain," *The New England Journal of Medicine* 2011;364:33-42.

Gill G et al. "Fear and frustration - the Liverpool cholera riots of 1832," *The Lancet* 2001;358:233-237.

Hendriksen RS et al., "Population genetics of Vibrio cholerae from Nepal in 2010: evidence on the origin of the Haitian outbreak," *mBio* 2011;2:10.1128.

Lippi D, Gotuzzo E. "The greatest steps towards the discovery of Vibrio cholerae," *Clinical Microbiology and Infection* 2014;20:191-195.

Mutreja A, Kim DW et al. "Evidence for multiple waves of global transmission within the seventh cholera pandemic," *Nature 2011*;477:462-465.

6장

A.J.P. 테일러, 《기차 시간표 전쟁》, 유영수 옮김, 페이퍼로드, 2022.

니컬러스 A. 크리스타키스, 《신의 화살》, 홍한결 옮김, 윌북, 2021.

로라 스피니, 《죽음의 청기사》, 전병근 옮김, 유유, 2021.

마이클 하워드, 《제1차세계대전》, 최파일 옮김, 교유서가, 2015.

마크 호닉스바움, 《대유행병의 시대》, 제효영 옮김, 커넥팅, 2020.

앨버트 S. 린드먼, 《현대 유럽의 역사》, 장문석 옮김, 삼천리, 2017.

존 M. 베리, 《그레이트 인플루엔자》, 이한음 옮김, 해리북스, 2021.

지나 콜라타, 《독감》, 안정희 옮김, 사이언스북스, 2003.

크리스토퍼 클라크, 《몽유병자들》, 이재만 옮김, 책과함께, 2019.

Chou Y et al., "One influenza virus particle packages eight unique viral RNAs as shown by FISH analysis," *PNAS* 2012;109:9101-9106.

Morens DM, Taubenberger JK, Fauci AS, "Predominant role of bacterial pneumonia as a cause of death in pandemic influenza: implications for pandemic influenza preparedness," *Journal of Infectious Diseases* 2008;198:962-970.

Taubenberger JK et al., "Initial genetic characterization of the 1918 'Spanish' Influenza virus," *Science* 1997:275:1793-1796.

7장

고관수, 《세균에서 생명을 보다》, 계단, 2024.

고관수, 《세상을 바꾼 항생제를 만든 사람들》, 계단, 2023.

도널드 커시, 오기 오가스, 《인류의 운명을 바꾼 약의 탐험가들》, 고호관 옮김, 세종서적, 2019.

도로시 크로퍼드, 《치명적 동반자, 미생물》, 강병철 옮김, 김영사, 2021

린지 피츠해리스, 《수술의 탄생》, 이한음 옮김, 열린책들, 2020.

맷 매카시, 《슈퍼버그》, 김미정 옮김, 흐름출판, 2020

무하마드 H. 자만, 《내성 전쟁》, 박유진 옮김, 7분의언덕, 2021.

사토 겐타로, 《세계사를 바꾼 10가지 약》, 서수지 옮김, 사람과나무사이, 2018.

아이니사 라미레즈, 《인간이 만든 물질, 물질이 만든 인간》, 김명주 옮김, 김영사, 2022.

어윈 W. 셔먼, 《세상을 바꾼 12가지 질병》, 장철훈 옮김, 부산대학교출판문화원, 2019.

예병일, 《의학사 노트》, 한울, 2017.

"Guns, not roses – here's the true story of penicillin's first patient," March 11, 2022, *The CONVERSATION*.

Houbraken J, Frisvad JC, Samson RA, "Fleming's penicillin producing strain is not Penicillium chrysogenum but P. rubens," *IMA Fungus 2011;2*(1):87-95.

Lily Rothman. "This Is What Happened to the First American Treated With Penicillin," March 14, 2016, Time.

Shama G. La Moisissure et al., "Bactérie: Deconstructing the fable of the discovery of penicillin by Ernest Duchesne," *Endeavour 2016;40*(3):188-200.

Wolfgang Saxon. "Anne Miller, 90, First Patient Who Was Saved by Penicillin," June 9, 1999, *The New York Times*.

8장

도로시 코로퍼트, 《치명적 동반자, 미생물》, 강병철 옮김, 김영사, 2021.

마이클 비디스, 프레더릭 F. 카트라이트, 《질병의 역사》, 김훈 옮김, 가람기획, 2004.

어윈 W. 셔먼, 《세상을 바꾼 12가지 질병》, 장철훈 옮김, 부산대학교출판문화원, 2019.

에드 용, 《내 속엔 미생물이 너무도 많아》, 양병찬 옮김, 어크로스, 2017.

유진홍, 《유진홍 교수의 이야기로 풀어보는 감염학》, 군자출판사, 2018.

이시 히로유키, 《한 권으로 읽는 미생물 세계사》, 서수지 옮김, 사람과나무사이, 2023.

폴 드 크루이프, 《미생물 사냥꾼》, 이미리나 옮김, 반니, 2017.

프랭크 A. 폰 히펠, 《화려한 화학의 시대》, 이덕환 옮김, 까치, 2021

Bian G et al., "*Wolbachia* invades *Anopheles stephensi* populations and induces refractoriness to *Plasmodium* infection," *Science* 2013;340:748-751.

Enserink M and Roberts L, "Biting Back," Science 2016;354:162-163.

Gianchecchi E et al., "Yellow fever: origin, epidemiology, preventive strategies and future prospects," *Vaccines* 2022;10:372.

Liu W et al., "Origin of the human malaria parasite Plasmodium falciparum in gorillas," Nature 2010;467:420-425.

Ong S, "*Wolbachia* goes to work in the war on mosquitoes," *Nature* 2021;598:S32-S34.

Prevot K., "*Wolbachia*," Embryo Project Encyclopedia, Jan. 29, 2015, https://embryo.asu.edu/pages/wolbachia.

Rich SM et al., "Malaria's Eve: evidence of a recent population bottleneck throughout the world populations of *Plasmodium falciparum*," *PNAS* 1998;95:4425-4430.

Shaw WR et al., "*Wolbachia* infections in natural Anopheles populations affect egg laying and negatively correlate with *Plasmodium* development," *Nature Communications* 2016;7:11772.

9장

B. 브렛 핀레이, 제시카 핀레이, 《마이크로바이옴, 건강과 노화의 비밀》, 김규원 옮김, 파라사이언스, 2022.

루바 비칸스키, 《면역, 메치니코프에게 묻다》, 제효영 옮김, 동아엠앤비, 2020.

앤드루 램, 《의학의 대가들》, 서종민 옮김, 상상스퀘어, 2023.

앨러나 콜렌, 《10퍼센트 인간》, 조은영 옮김, 시공사, 2016.

에드 용, 《내 속엔 미생물이 너무도 많아》, 양병찬 옮김, 어크로스, 2017.

이시 히로유키, 《한 권으로 읽는 미생물 세계사》, 서수지 옮김, 사람과나무사이, 2023.

캐슬린 매콜리프, 《숙주 인간》, 김성훈 옮김, 이와우, 2017.

Baquero F, Nombela C, "The microbiome as a human," *Clinical Microbiology and Infection* 2012;18:2-4.

Blaser MJ, "The past and future biology of the human microbiome in an age of extinctions," *Cell* 2018;172:1173-1177.

Desmettre T, "Toxoplasmosis and behavioural changes," *Journal Français d'Ophtalmologie* 2020;43:e89-e93.

Goins J. "Microbiomes: An Origin Story," *American Society for Microbiology.* March 8, 2019.

Jung Y et al., "Gut microbial and clinical characteristics of individuals with autism spectrum disorder differ depending on the ecological structure of the gut microbiome," *Psychiatry Research,* 2024 (doi.org/10.1016/j.psychres.2024.115775).

Marshall BJ, Warren JR. "Unidentified curved bacilli in the stomach of patients with gastritis and peptic ulceration," *The Lancet* 1984;323:1311-1315.

Maxiner F et al., "The 5300-year-old Helicobacter pylori genome of the Iceman," *Science* 2016;351:162-165.

Sharon G et al., "Human gut microbiota from autism spectrum disorder promote behavioral symptoms in mice," *Cell* 2019;177:1600-1618.

Skallová A et al., "The role of dopamine in Toxoplasma-induced behavioural alterations in mice: an ethological and ethopharmacological study," *Parasitology* 2006;133:525-535.

Telt A et al., "The Prevotella copri complex comprises four distinct clades underrepresented in westernized populations," *Cell Host & Microbe* 2019;26:666-679.

Wang K et al. "High-coverage genome of the Tyrolean Iceman reveals unusually high Anatolian farmer ancestry," *Cell Genomes* 2023; 3:100377.

Zheng P et al., "The gut microbiome from patients with schizophrenia modulates the glutamate-glutamine-GABA cycle and schizophrenia-relevant behaviors in mice," *Science Advances* 2019;5:eaau8317.

10장

〈전홍제의 '면역항암 치료 바로 알기'(3). 면역항암 치료, 그 고난의 역사〉, 전홍제(2022.10.2.), 매일경제.

남궁석, 《암 정복 연대기》, 바이오스펙테이터, 2019.

도준상, 《면역항암제를 이해하려면 알아야 할 최소한의 것들》, 바이오스펙테이터, 2019.

앤드루 램, 《의학의 대가들》, 서종민 옮김, 상상스퀘어, 2023.

앨러나 콜렌, 《10퍼센트 인간》, 조은영 옮김, 시공사, 2016.

에드 용, 《내 속엔 미생물이 너무도 많아》, 양병찬 옮김, 어크로스, 2017.

캐슬린 매콜리프, 《숙주 인간》, 김성훈 옮김, 이와우, 2017.

Chen YE et al., "Engineered skin bacteria induce T cell responses against melanoma," *Science* 2023;380:203-210.

Khoruts A, "Fecal microbiota transplantation-early steps on a long journey ahead," *Gut Microbes* 2017;8(3):199-204.

Lawson PA et al., "Reclassification of Clostridium difficile as Clostridioides difficile (Hall and O'Toole 1935) Prevot 1938," *Anaerobe* 2016;40:95-99.

Mi Z et al., "Salmonella-mediated cancer therapy: an innovative therapeutic strategy," *Journal of Cancer* 2019;10:4765-4776.

Sedighi M et al., "Therapeutic bacteria to combat cancer; current advances, challenges, and opportunities," *Cancer Medicine* 2019;8:3169-3181.

Selvanesan BC et al., "*Listeria* delivers tetanus toxoid protein to pancreatic tumors and induces cancer cell death in mice," *Science Translational Medicine* 2022;14:eabc1600.

Song EM et al., "The prevalence and risk factors of Clostridioides difficile infection in Inflammatory Bowel Disease: 10-Year South Korean experience based on the national database," *Journal of Korean Medicinal Science* 2023;38(47):e359.

van Nood E et al., "Duodenal infusion of donor feces for recurrent *Clostridium difficile*," *N. Engl. J. Med.* 2013; 368:407-415.

Wang J et al., "Using bugs as drugs: Administration of bacteria-related microbes to fight cancer," *Advanced Drug Delivery Reviews* 2023;197:114825.

인용 출처

1. 기사는 다음 출처에서 인용하였으나, 독자의 원활한 이해를 돕기 위해 문장을 수정하였다. 〈한타바이러스 발견과 백신 개발: 대한학술원 이호왕 회장〉, 장영옥 기자(2003.10.01.), BRIC.

2. 호메로스, 《오뒷세이아》, 이준석 옮김, 아카넷, 2023, 361쪽.

3. 투퀴디데스, 《펠로폰네소스 전쟁사》(상), 박광순 옮김, 종합출판범우, 2011, 182쪽.

4. 투퀴디데스, 《펠로폰네소스 전쟁사》(상), 박광순 옮김, 종합출판범우, 2011, 183~184쪽.

5. 존 캐리(엮음), 《역사의 원전》, 김기협 옮김, 바다출판사, 2021, 146쪽.

6. 샬럿 브론테, 《제인 에어》(상), 이미선 옮김, 열린책들, 58쪽.

7. 프랭크 M. 스노든, 《감염병과 사회》, 이미경, 홍수연 옮김, 노동욱 감수, 문학사상사, 2021, 450쪽.

8. 장 지오노, 《지붕 위의 기병》, 문예출판사, 1995년.

9. 이사벨 아옌데, 《비올레타》, 조영실 옮김, 빛소굴, 2023, 20쪽.

10. 이문재, 《산책시편》, 〈푸른곰팡이〉, 민음사, 2007.

11. 티모시 C. 와인가드, 《모기: 인류 역사를 결정지은 치명적인 살인자》, 서종민 옮김, 커넥팅, 2019, 425~426쪽

12. 폴 드 크루이프, 《미생물 사냥꾼》, 이미리나 옮김, 반니, 2017, 404쪽

사진 출처

21쪽

https://garystockbridge617.getarchive.net/amp/media/cylinder-seal-and-modern-impression-banquet-scene-with-seated-figures-drinking-3eef47

27쪽

https://commons.wikimedia.org/wiki/File:Saccharomyces_cerevisiae_SEM.jpg

38쪽

https://en.wikipedia.org/wiki/Myrtis#/media/File:Myrtis_reconstruction.jpg

44쪽

https://commons.wikimedia.org/wiki/File:The_plague_of_Athens._Line_engraving_by_J._Fittler_after_M._Wellcome_L0004078.jpg

51쪽

https://commons.wikimedia.org/wiki/File:SalmonellaTyphiFlagellarStain.jpg

68쪽

https://commons.wikimedia.org/wiki/File:FlorentineCodex_BK12_F54_smallpox.jpg

78쪽

https://commons.wikimedia.org/wiki/File:Treponema_pallidum.jpg

92쪽

https://commons.wikimedia.org/wiki/File:Fourpence_coffin.jpg

102쪽(좌)

https://commons.wikimedia.org/wiki/File:RobertKoch_cropped.jpg

102쪽(우)

https://en.wikipedia.org/wiki/Robert_Koch

119쪽

https://commons.wikimedia.org/wiki/File:Pump_Handle_-_John_Snow_.jpg

122쪽

https://commons.wikimedia.org/wiki/File:Vibrio_cholerae_gram_stain_CDC.jpg

147쪽(위)

https://commons.wikimedia.org/wiki/File:EM_of_influenza_virus.jpg

147쪽(아래)

https://commons.wikimedia.org/wiki/File:Betainfluenzavirus_virion_layer_1_image.svg

160쪽

learn.com/history-images/YW060477L/Advertisement-for-penicillin-production-from-Life-magazine

167쪽

https://en.wikipedia.org/wiki/Discovery_of_penicillin#/media/File:Sample_of_penicillin_mould_presented_by_Alexander_Fleming_to_Douglas_Macleod,_1935_(9672239344).jpg

173쪽

https://www.researchgate.net/figure/Penicillium-rubens-CBS-20557-Flemings-original-penicillin-producer-A-C-Colonies-7-d_fig2_225281170

180쪽

https://www.science.org/toc/science/354/6309

195쪽

https://commons.wikimedia.org/wiki/File:Wolbachia_bacteria.jpg

205쪽

https://commons.wikimedia.org/wiki/File:Otzi-Quinson.jpg

215쪽(좌)

https://commons.wikimedia.org/wiki/File:Colonne_winogradsky_1.jpg

215쪽(우)

https://commons.wikimedia.org/wiki/File:Winogradsky_column_2.JPG

230쪽

https://en.wikipedia.org/wiki/William_Coley

242쪽

https://www.joongang.co.kr/article/25090913

※ 본문에서 발췌 인용한 부분은 해당 출판사의 허가를 받아 실었습니다. 출판사의 노력에도 불구하고 저작권자가 확인되지 않은 인용문과 이미지의 경우 확인될 시 최선을 다해 협의하겠습니다.

※ 외래어 표기는 국립국어원 외래어표기법을 따르되, 인용문의 경우 원 출판사의 번역을 살려 두었습니다.

역사가 묻고 미생물이 답하다

초판 1쇄 발행   2024년 9월 13일

지은이 • 고관수

펴낸이 • 박선경
기획/편집 • 이유나, 지혜빈, 김슬기
홍보/마케팅 • 박언경, 황예린, 서민서
표지 디자인 • forbstudio
디자인 제작 • 디자인원(031-941-0991)

펴낸곳 • 도서출판 지상의책
출판등록 • 2016년 5월 18일 제2016-000085호
주소 • 경기도 고양시 일산동구 호수로 358-39 (백석동, 동문타워 I) 808호
전화 • 031)967-5596
팩스 • 031)967-5597
블로그 • blog.naver.com/kevinmanse
이메일 • kevinmanse@naver.com
페이스북 • www.facebook.com/galmaenamu
인스타그램 • www.instagram.com/galmaenamu.pub

ISBN 979-11-93301-04-3
값 18,500원